明远通识文库

通川至海，立一识大

四川大学通识教育读本编委会

主 任

游劲松

委 员

（按姓氏笔画排序）

王　红	王玉忠	左卫民	石　坚
石　碧	叶　玲	吕红亮	吕建成
李　怡	李为民	李昌龙	肖先勇
张　林	张宏辉	罗懋康	庞国伟
侯宏虹	姚乐野	党跃武	黄宗贤
曹　萍	曹顺庆	梁　斌	詹石窗
	熊　林	霍　巍	

主　编：赵长轶

战略性思维

竞争、合作
与全局意识

四川大学出版社
SICHUAN UNIVERSITY PRESS

| 总 序 |

通识教育的"川大方案"

◎ 李言荣

大学之道,学以成人。作为大学精神的重要体现,以培养"全人"为目标的通识教育是对"人的自由而全面的发展"的积极回应。自19世纪初被正式提出以来,通识教育便以其对人类历史、现实及未来的宏大视野和深切关怀,在现代教育体系中发挥着无可替代的作用。

如今,全球正经历新一轮大发展大变革大调整,通识教育自然而然被赋予了更多使命。放眼世界,面对社会分工的日益细碎、专业壁垒的日益高筑,通识教育能否成为砸破学院之"墙"的有力工具?面对经济社会飞速发展中的常与变、全球化背景下的危与机,通识教育能否成为对抗利己主义,挣脱偏见、迷信和教条主义束缚的有力武器?面对大数据算法用"知识碎片"织就的"信息茧房"、人工智能向人类智能发起的重重挑战,通识教育能否成为人类叩开真理之门、确证自我价值的有效法宝?凝望中国,我们正前所未有地靠近世界舞台中心,前所未有地接近实现中华民族伟大复兴,通识教育又该如何助力教育强国建设,培养出一批堪当民族复兴重任的时代新人?

这些问题都需要通识教育做出新的回答。为此,我们必须立足当下、面向未来,立足中国、面向世界,重新描绘通识教育的蓝图,给出具有针对性、系统性、实操性和前瞻性的方案。

一般而言,通识教育是超越各学科专业教育,针对人的共性、公民的共性、技能的共性和文化的共性知识和能力的教育，是对社会中不同人群的共同认识和价值观的培养。时代新人要成为面向未来的优秀公民和创新人才，就必须具有健全的人格，具有人文情怀和科学精神，具有独立生活、独立思考和独立研究的能力，具有社会责任感和使命担当，具有足以胜任未来挑战的全球竞争力。针对这"五个具有"的能力培养，理应贯穿通识教育始终。基于此，我认为新时代的通识教育应该面向五个维度展开。

第一，厚植家国情怀，强化使命担当。如何培养人是教育的根本问题。时代新人要肩负起中华民族伟大复兴的历史重任，首先要胸怀祖国，情系人民，在伟大民族精神和优秀传统文化的熏陶中潜沉情感、超拔意志、丰博趣味、豁朗胸襟，从而汇聚起实现中华民族伟大复兴的磅礴力量。因此，新时代的通识教育必须聚焦立德树人这一根本任务，为学生点亮领航人生之灯，使其深入领悟人类文明和中华优秀传统文化的精髓，增强民族认同与文化自信。

第二，打好人生底色，奠基全面发展。高品质的通识教育可转化为学生的思维能力、思想格局和精神境界，进而转化为学生直面飞速发展的世界、应对变幻莫测的未来的本领。因此，无论学生将来会读到何种学位、从事何种工作，通识教育都应该聚焦"三观"培养和视野拓展，为学生搭稳登高望远之梯，使其有机会多了解人类文明史，多探究人与自然的关系，这样才有可能培养出德才兼备、软硬实力兼具的人，培养出既有思维深度又不乏视野广度的人，培养出开放阳光又坚韧不拔的人。

第三，提倡独立思考，激发创新能力。当前中国正面临"两个大局"，经济、社会等各领域的高质量发展都有赖于科技创新的支撑、引领、推动。而通识教育的力量正在于激活学生的创新基因，使其提出有益的质疑与反思，享受创新创造的快乐。因此，新时代的通识教育必须聚焦独立思考能力和底层思维方式的训练，为学生打造破冰拓土之船，使其从惯于模仿向敢于质疑再到勇于创新转变。同时，要使其多了解世界科技史，使其产生立于人类历史之巅鸟瞰人类文明演进的壮阔之感，进而生发创新创造的欲望、填补空白的冲动。

第四，打破学科局限，鼓励跨界融合。当今科学领域的专业划分越来越细，既碎片化了人们的创新思想和创造能力，又稀释了科技资源，既不利于创新人才的培养，也不利于"从 0 到 1"的重大原始创新成果的产生。而通识教育就是要跨越学科界限，实现不同学科间的互联互通，凝聚起高于各学科专业知识的科技共识、文化共识和人性共识，直抵事物内在本质。这对于在未来多学科交叉融通解决大问题非常重要。因此，新时代的通识教育应该聚焦学科交叉融合，为学生架起游弋穿梭之桥，引导学生更多地以"他山之石"攻"本山之玉"。其中，信息技术素养的培养是基础中的基础。

第五，构建全球视野，培育世界公民。未来，中国人将越来越频繁地走到世界舞台中央去展示甚至引领。他们既应该怀抱对本国历史的温情与敬意，深刻领悟中华优秀传统文化的精髓，同时又必须站在更高的位置打量世界，洞悉自身在人类文明和世界格局中的地位和价值。因此，新时代的通识教育必须聚焦全球视野的构建和全球胜任力的培养，为学生铺就通往国际舞台之路，使其真正了解世界，不孤陋寡闻，真正了解中国，不妄自菲薄，真正了解人类，不孤芳自赏；不仅关注自我、关注社会、关注国家，还关注世界、关注人类、关注未来。

我相信，以上五方面齐头并进，就能呈现出通识教育的理想图景。但从现实情况来看，我们目前所实施的通识教育还不能充分满足当下及未来对人才的需求，也不足以支撑起民族复兴的重任。其问题主要体现在两个方面：

其一,问题导向不突出,主要表现为当前的通识教育课程体系大多是按预设的知识结构来补充和完善的,其实质仍然是以院系为基础、以学科专业为中心的知识教育,而非以问题为导向、以提高学生综合素养及解决复杂问题的能力为目标的通识教育。换言之,这种通识教育课程体系仅对完善学生知识结构有一定帮助,而对完善学生能力结构和人格结构效果有限。这一问题归根结底是未能彻底回归教育本质。

其二,未来导向不明显,主要表现为没有充分考虑未来全球发展及我国建设社会主义现代化强国对人才的需求,难以培养出在未来具有国际竞争力的人才。其症结之一是对学生独立思考和深度思考能力的培养不够,尤其未能有效激活学生问问题,问好问题,层层剥离后问出有挑战性、有想象力的问题的能力。其症结之二是对学生引领全国乃至引领世界能力的培养不够。这一问题归根结底是未能完全顺应时代潮流。

时代是"出卷人",我们都是"答卷人"。自百余年前四川省城高等学堂(四川大学前身之一)首任校长胡峻提出"仰副国家,造就通才"的办学宗旨以来,四川大学便始终以集思想之大成、育国家之栋梁、开学术之先河、促科技之进步、引社会之方向为己任,探索通识成人的大道,为国家民族输送人才。

正如社会所期望,川大英才应该是文科生才华横溢、仪表堂堂,医科生医术精湛、医者仁心,理科生学术深厚、术业专攻,工科生技术过硬、行业引领。但在我看来,川大的育人之道向来不只在于专精,更在于博通,因此从川大走出的大成之才不应仅是各专业领域的精英,而更应是真正"完整的、大写的人"。简而言之,川大英才除了精熟专业技能,还应该有川大人所共有的川大气质、川大味道、川大烙印。

关于这一点,或许可以打一不太恰当的比喻。到过四川的人,大多对四川泡菜赞不绝口。事实上,一坛泡菜的风味,不仅取决于食材,更取决于泡菜水的配方以及发酵的工艺和环境。以之类比,四川大学的通识教育正是要提供一坛既富含"复合维生素"又富含"丰富乳酸菌"的"泡菜水",让浸润其中的川大学子有一股独特的"川大味道"。

为了配制这样一坛"泡菜水",四川大学近年来紧紧围绕立德树人根本任务,充分发挥文理工医多学科优势,聚焦"厚通识、宽视野、多交叉",制定实施了通识教育的"川大方案"。具体而言,就是坚持问题导向和未来导向,以"培育家国情怀、涵养人文底蕴、弘扬科学精神、促进融合创新"为目标,以"世界科技史"和"人类文明史"为四川大学通识教育体系的两大动脉,以"人类演进与社会文明""科学进步与技术革命"和"中华文化(文史哲艺)"为三大先导课程,按"人文与艺术""自然与科技""生命与健康""信息与交叉""责任与视野"五大模块打造100门通识"金课",并邀请院士、杰出教授等名师大家担任课程模块首席专家,在实现知识传授和能力培养的同时,突出价值引领和品格塑造。

如今呈现在大家面前的这套"四川大学通识教育读本",即按照通识教育"川大方案"打造的通识读本,也是百门通识"金课"的智慧结晶。按计划,丛书共100部,分属于五大模块。

——"人文与艺术"模块,突出对世界及中华优秀文化的学习,鼓励读者以更加开放的心态学习和借鉴其他文明的优秀成果,了解人类文明演进的过程和现实世界,着力提升自身的人文修养、文化自信和责任担当。

——"自然与科技"模块,突出对全球重大科学发现、科技发展脉络的梳理,以帮助读者更全面、更深入地了解自身所在领域,培养科学精神、科学思维和科学方法,以及创新引领的战略思维、深度思考和独立研究能力。

——"生命与健康"模块,突出对生命科学、医学、生命伦理等领域的学习探索,强化对大自然、对生命的尊重与敬畏,帮助读者保持身心健康、积极、阳光。

——"信息与交叉"模块,突出以"信息+"推动实现"万物互联"和"万物智能"的新场景,使读者形成更宽的专业知识面和多学科的学术视野,进而成为探索科学前沿、创造未来技术的创新人才。

——"责任与视野"模块,着重探讨全球化时代多文明共存背景下人类面临的若干共同议题,鼓励读者不仅要有参与、融入国际事务的能力和胆识,更要有影响和引领全球事务的国际竞争力和领导力。

百部通识读本既相对独立又有机融通,共同构成了四川大学通识教育体系的重要一翼。它们体系精巧、知识丰博,皆出自名师大家之手,是大家著小书的生动范例。它们坚持思想性、知识性、系统性、可读性与趣味性的统一,力求将各学科的基本常识、思维方法以及价值观念简明扼要地呈现给读者,引领读者攀上知识树的顶端,一览人类知识的全景,并竭力揭示各知识之间交汇贯通的路径,以便读者自如穿梭于知识枝叶之间,兼收并蓄,掇菁撷华。

总之,通过这套书,我们不惟希望引领读者走进某一学科殿堂,更希望借此重申通识教育与终身学习的必要,并以具有强烈问题意识和未来意识的通识教育"川大方案",使每位崇尚智识的读者都有机会获得心灵的满足,保持思想的活力,成就更开放通达的自我。

是为序。

(本文作于2023年1月,作者系中国工程院院士,时任四川大学校长)

课程团队

(前排从左到右:李光金、赵长轶、石坚、苗翠翠、谢晋宇;后排从左到右:王军杰、颜锦江、梁中和、毛康珊、赵辉、周鼎、霞绍晖、张学昌;照片摄于2024年7月1日,四川大学望江校区中华文化研究所)

目　录

导　论	赵长轶 ……………………………………………	1
第一讲	逐于智谋：历史视野中的战略性思维　周鼎 ………	17
第二讲	赢者通吃：博弈论中的战略性思维　颜锦江 ………	35
第三讲	演化不息、创新不息：生命科学中的战略性思维	
	毛康珊、韩智同 ………………………………	47
第四讲	天生我材必有用：生涯规划中的战略性思维　谢晋宇 ……	65
第五讲	战略制胜：管理学视野中的战略性思维　赵长轶 ………	79
第六讲	知己知彼百战不殆：军事学视野中的战略性思维	
	霞绍晖 ……………………………………………	97
第七讲	走好走稳自己的路：中国共产党人的战略性思维　张学昌	
	……………………………………………………	121
第八讲	社会秩序与良法善治：法律视野中的战略性思维　王军杰	
	……………………………………………………	139
第九讲	数据赋能：AI时代中的战略性思维　赵辉 ………	157

i

第十讲　纵横捭阖：游戏设计的战略性思维　李茂……………… 173

第十一讲　中和之道：战略性思维的哲学之维　梁中和…………189

结　语　赵长轶…………………………………………………… 203

导　论

赵长轶

扫码观看

导　论

战略性思维是一项重要技能，在社会上生存发展需要有竞争、合作与全局意识，它既能帮助你解决眼前的基本问题，积极主动争取竞争优势，又能使你着眼于长远，预判未来的机会并消除潜在的风险。战略性思维是从更广阔的角度分析机会和探寻问题，并推断出特定行为在未来可能对个人、组织、团队、国家发展产生什么潜在的影响。

优秀的战略性思维技能包括两点：一是特定的思考模式（用来解决所有战略问题中都存在的不确定性）。思考模式极大依赖战略型思想家，他们会挑战自己和别人的假设，并鼓励不同的观点。二是广泛的工具集（基于极少的实际数据来制定可靠的解决方案）。工具集需要借助多种手段和方式方法，以最小的成本实现最大的收益。

一、战略性思维

（一）战略

战略（strategy）一词有很多不同的定义，最早是军事方面的概念。在西方，"strategy"一词源于希腊语"strategos"，意为军事将领、地方行政长官，后来演变成军事术语，指军事将领指挥军队作战的谋略。早在古代中国春秋时期，诸侯之间不断爆发战争，就有很多有智谋的从军人士，总结军事方面的经验教训，研究制胜的规律。这一类学者，古代称之为兵家。其中最有名的就是春秋末期的孙武，他撰写的《孙子兵法》对后世有很大的影响。

从概念上来说，战略性思维是一种综合分析局部条件，从全局视角思考去实现整体目标规划的思维；同时也是在特定环境下，为实现长期目标而对资源和能力实施有效配置和组合行动的思维。其重点在于行动的适应性（fit）、专一性（focus）和统一性（consistency）。战略的核心在于与众不同，它意味着有意选择不同的行动方案以提供独特的价值组合。比如，就企业而言，战略主要涉及企业的长期发展方向和范围，力求使资源与环境（尤其是市场）、消费者相匹配，以达到企业的预期目标。企业战略的主要构成要素是——经营范围、资源配置、竞争优势和协同作用。其中，竞争优势是企业战略的发展核心，是指企业通过其资源配置模式与经营范围决策，在市场上形成的优于其竞争对手的竞争地位。竞争优势既可来自企业在产品和市场上的地位，也可来自企业对特殊资源的正确运用。

（二）战略性思维

战略很重要，但战略性思维从哪里来？是先有战略，还是先有战略性思维？事实上，战略与战略性思维是同一事物的两面，因为战略需要进行战略性思考。战略性思维的结果体现为战略目标和战略行动。战略性思维作为人类思维的一种形式，不仅具有思维的一般性与共同性，又有其自身的特殊性。

战略性思维是指思维主体（个人或组织）对关系事物全局的、长远的、根本性的重大问题的谋划（分析、综合、判断、预见和决策）的思维过程。战略性思维根本的含义包括了思维主体对思维对象的定位（或称使命）、长期的目标及目的，和达成目标及目的的理念方针。其中，最重要的是使命，使命是思考对象对于自己目前所处的位置的认知以及未来要达到的位置（定位）所应承担的责任的描述。只有清晰定义了使命才能明确长期目标及目的，进而确定长期、中期和短期目标，明确相应的考核指标。

我们可以从不同的思维角度来看战略性思维。一是从系统论的角度看，战略性思维构成一个系统，构成因素有战略性思维主体、战略性思维对象、战略性思维环境。战略性思维主体，主要是指负责思考和谋划战略的企业家、CEO及相关的战略规划部门专业人员、咨询师等；战略性思维对象，主要是指企业的战略目标、使命与宗旨、战略实施步骤等；战略性思维环境，主要是指战略性思维所必须考虑的组织环境，包括自然、科技、经济、政治、法律等因素。战略性思维过程是战略性思维主体思考、分析、决策并实施、反馈和修正战略的过程。因此，从系统论观点来看，战略性思维可定义为——战略管理者等思维主体基于对企业生存环境及自身资源与能力的认知，构建企业战略目标及行动方案的思维过程。这也是管理者能动适应环境提升自身境界的过程。二是从复杂思维方式的角度看，战略性思维需要考虑的因素众多。一方面，战略目标具有多样性，既有长期目标、短期目标，又有总体目标、职能目标和事业目标。而战略目标与实现路径之间的联系也具有多样性，有线性关系、网络关系和生态联系等。另一方面，战略性思维具有动态性，是由此及彼的过程，环境在变，思维主体在变，目标也在变。战略性思维就是一个在环境和自身状态约束下追逐移动目标的复杂动态过程。三是从心理学的角度看，战略性思维是一个认知形成的心理过程。这主要是从战略思考者角度来分析的，在形成战略之前，需要有自己的认知模式，对行业环境、竞争优势、组织决策等有自己的思维框架和核心观点。

因此，战略性思维是一种既有自身思维特性又有所有思维共性的思维方式，是体现价值观、文化和理想等精神内容的战略观念。战略观念通过组织成员个人的期望和行为形成共享，个人的期望和行为又通过集体的期望和行为反映出来，战略性思维影响个体、集体组织及社会。

（三）竞争、合作与全局意识

战略性思维是人类思维方式的一种，具有所有思维的共性。同时，由于具有复杂性、动态性以及全局性等特点，战略性思维也需要突出体现竞争、合作与全局意识。

社会是由人组成的，社会因人而存在，为人而存在。作为理性的个体，我们每个人都有自己的利益，都在追求自己的幸福。这是天性使然，没有什么力量能够改变。但社会的进步只能来自人们之间的相互合作，只有合作，才能带来共赢，才能给每个人带来幸福。这又是我们应有的集体理性。但是，基于个体理性的决策常常与集体理性相冲突，导致所谓"囚徒困境"的出现，不利于所有人的幸福。

赫胥黎的《天演论》中有一句话叫"物竞天择，适者生存"。不过包括人类在内的很多智慧生物，都懂得只有合作才能够生存下去。所以说，竞争与合作是人类乃至动物界永恒的话题。用马克思主义的唯物辩证法来讲，竞争与合作是对立统一的，是事物发展的矛盾的两个方面。如何处理好二者的关系，是人类社会发展的重要课题。我们任何人在这个世界上都不是孤立存在的，都要和周围的人产生各种各样的联系。我们是一个集体，集体需要我们每一个人都做出应有的贡献。一个人的能力是有限的，只有集体的力量才能弥补个体的不足。世界上有许多事情，只有通过人与人之间的相互合作才能完成。你是学生，就要与老师、同学一起学习，完成学业；你是军人，就要与战友并肩作战，取得胜利；你是医生，就要与其他医生、护士一起登台，完成手术。一个人学会了与别人合作，也就获得了打开成功之门的钥匙。

那么，怎样才能做到卓有成效地合作呢？你一定在音乐厅或电视里看到过交响乐团的演奏吧，这可以算得上是人与人之间相互合作的典范。他们之所以能共同演奏出优美的旋律，主要依靠高度统一的团体目标，和为了实现这个目标每个人必须具有的协作精神。

此外，还有集体内部的竞争意识，凡是缺乏竞争意识的个体，都会影响集体的竞争力。在竞争中合作，在合作中竞争，需要本着团结协作、以整体发展为大局的原则。成功的合作不仅要有统一的目标，尽力做好分内的事情，而且还要心中想着别人，心中想着集体，既要有竞争意识又不失合作之意。现代社会是一个充满竞争的社会，但同时也是一个更加需要团结协作的社会。作为一个现代人，只有学会与别人建立深厚的友谊，学会与别人合作，才能取得更大的成就。正所谓"一人难挑千斤担，众人能移万座山"。

习近平总书记多次强调，必须牢固树立高度自觉的大局意识，自觉从大局看问题，把工作放到大局中思考、定位、摆布，做到正确认识大局、自觉服从大局、坚决维护大局。讲大局、顾大局是我们党的优良传统和政治优势。无论是革命战争年代，还是和平建设时期，我们党都依靠大局意识这个战略支撑来凝聚思想、激发士气、统一行动，夺取一个又一个胜利。以党员干部的大局意识为例，把握好全局意识是十分重要且必要的，也充分地体现出了战略性整体全局意识。

在中国特色社会主义发展新时代，培养以竞争意识、合作意识和全局意识为核心特征的战略性思维是十分重要且必要的。

二、战略性思维的特征、本质及意义

战略是为达成组织目标而采取的行动方案，是一个重要的决策过程。制定战略需要战略性思维，以衡量外部环境中的机会与危险，评估

战略性思维：竞争、合作与全局意识

组织内部资源的优势与劣势，确定组织长期的发展目标、使命、远景，选择能达成目标的手段与方法。战略性思维过程就是战略性思维主体思考、分析、决策并实施、反馈和修正战略的过程。

（一）战略性思维的特征

战略性思维具有全局性、动态性、创新性和长期性的特征。

一是全局性。战略性思维的全局性也称为整体性或谋略性，即从全面整体和综合的角度分析发展中的战略，站位要高，目标要远，思维要活，手段要多。从全局的层面看战略性思维更像是一种意图，如哈默尔（G. Hamel）和普拉哈拉德（C. K. Prahalad）提出的"战略是一种意图"的著名论断越来越契合当下的经营环境。所谓意图，是指一种最终追求的目标。意图虽然仅仅是一种直觉或愿望，并不具体明晰，更谈不上完善，但它扮演了"罗盘"的角色。在高度不确定性和存在大量偶然性的现实商业环境中，在变化越来越快的市场上，再好的战略也不可能给企业完全确定的好路线。因此，从全局宏观的角度指导企业发展，更像指引方向和导航的"罗盘"而非具体详尽的"地图"。

二是动态性。战略性思维的动态性体现在战略制定是不断发展变化、动态调整且反复试错和持续学习的过程。现实的战略往往不是理性和计划的结果，而是不断试错的结果。环境的不确定性必然导致个人或组织等不断尝试与修改自己的对策，这些对策的逐步积累就形成了战略。尤其是当企业的知识与经验无法应对外部复杂的环境时，不妨摸着石头过河，从试错中寻找解决方案。既然外部世界如此复杂多变，高层管理者的主要职责就不是程式化地制定战略，而是管理组织学习。通过学习尤其是组织学习，企业才能应对不确定性，才能在渐进式的学习过程中创建出企业的战略。21世纪的学习型组织理论进一步认为，只为适应与生存而学习是不够的，必须创造性地学习，这样才能将企业打造成一种有机的、具有高度柔性和弹性的扁平化和人性化的可持续发展组织。明茨伯格（H. Mintzberg）和沃特斯（J. Waters）指出，合适的战略制定与决策过程要考虑到环境波动的程度，好的战略应该给企业多种选择，并配有应急措施。企业可以对这些选择做出权衡，并能适应市场上迅速发生的变化。为了提高应急能力，企业应该把自己锤炼成为"自组织""自适应"的组织。对"自组织"的强调和推崇，成为20世纪90年代后期尤其是进入21世纪以来许多企业管理论著的主要特征。这些理论彻底放弃了机械式的战略模式和组织模式，代之以更激动人心和革命性的有机模式——自组织模式。自组织和自适应理论认为，战略规划的程序和结果都应该和现实紧密相连，组织的自发学习和创新可以使企业更好地适应复杂多变的环境。

三是创新性。战略性思维的创新性是指随着时代的不断更新迭代发展，战略性思维需要更加注重对创新发展思维的合理运用。如今，互联网和数字技术带来了人工智能革命、颠覆式创新等巨大变革，迭代与创新层出不穷。从经济形态来看，数字经济大行其道。在能源和工业原料等方面，不再完全依赖于化石能源的绿色低碳的"生物经济"也开始出现。各种新技术、新材料的应用催生了"工业经济＋数字经济＋生物经济"叠加的复式时代。从产业层面看，跨界混搭、外行颠覆内行、社群经济成为新常态，行业的边界逐渐消弭，市场变得开放、无边界，传统的竞争维度被颠覆，企业必须秉持价值共生、共创、共享的理念，重新思考与消费者、员工、股东（风险投资人）、竞争对手、上下游供应商、平台商家、社区等利益相关者的关系，企业发展的速度、广度、深度亦需随之迭代变革。同时，社会、技术、模式等方方面面迭代速度都在不断加快，企业发展"唯快不破"，靠速度突围势在必行。借鉴创新性战

战略性思维：竞争、合作与全局意识

略性思维则是企业实现速度突围的最佳方式，也是企业在新时代发展的过程中必然选择的战略发展路径。

　　四是长期性，战略性思维的全局性、动态性和创新性决定了战略性思维的产生、形成和发展过程不是一蹴而就的，它关注的是全局、长期的收益，符合长期主义价值观理念。战略性思维要求不能只看到近期目标，还要看到远期目标。战略性思维的长期性和战略性思维看得"远"有密切的联系。当组织要进行战略布局时，必须看得更远。也正是由于战略性思维需要看得长远，战略性思维具有长期性，是从未来更长的时间去思考组织的发展，形成对组织的"远见"。包括对组织空间扩展的高瞻，对组织时间延伸的远瞩。毛泽东同志对这个问题十分看重。他说："马克思主义者看问题，不但要看到部分，而且要看到全体。"① 他还说："说'一着不慎，满盘皆输'，乃是说的带全局性的，即对全局有决定意义的一着，而不是那种带局部性的即对全局无决定意义的一着。"② 只有全局在胸，才能有把握地走好每一步棋。事物是发展变化的，全局形势也在不断发展变化。毛泽东同志在指导工作时，总是首先把力气用在观察和判断全局上，特别是敏锐地察觉出哪些是对全局发展变化有重要影响的新情况和新问题，从而果断地作出重大决策。他在党的八届七中全会上说："要善于观察形势，脑筋不要硬化。形势不对了，就要有点嗅觉，嗅政治形势，嗅经济空气，嗅思想动态。"③ 读读毛泽东同志在中央会议上的讲话就能发现，每当重要的历史关头，他经常先这样分析：现在局势发展到一个新的阶段，它和以往不同的特点是什么，发展的前途如何，因此我们的方针应当相应地做怎样的调整。

---

① 《论反对日本帝国主义的策略》，1935年12月17日。
② 《中国革命战争的战略问题》，1936年12月。
③ 毛泽东在中共八届七中全会上的讲话记录，1959年4月5日。

（二）战略性思维的本质

战略性思维的本质是一种融合多种观念，包括系统观、整体观、大局观、辩证观、运动观和义利观的思维观念模式，是赢得发展主动、规划发展进度和评价发展结果的重要思维方式，也是为促进各方面的发展而做出的合理规划。基于战略性思维是一种全局性、动态性、创新性和长期性的复杂思维模式来看，对战略思考者自身而言，看待问题的视角、认知思维的转变都具有很大挑战，需要拓展战略性思维的视角，从以下八个视角分析事物的本质：

一是要更"远"，形成"远见"。对于个人而言，思考个人的人生规划，如职业规划、学习规划和发展规划等，需要确定长期目标，从而更好地确定个人的中期目标和短期目标；对于企业而言，观察市场环境外部变化和评估企业自身内部发展情况也需要以企业长期规划目标为指引，长期规划目标长则几十年、几百年，看的更远，定位更高。

二是要更"广"，形成"博见"。战略性思维拥有更广阔的视野、广博的认同和广泛的联系。广阔的视野指用全球视野、世界眼光分析组织发展的机会，通过更广泛的思维为以后聚焦提供基础；广博的认同是指战略的形成要从群众中来，集中智慧，战略的执行要到群众中去，取得认同；广泛的联系是指制定战略必须在更大的范围内，跨越组织和行业的边界，利用事物的广泛联系，寻找更好的生存机会、运营方向和商业模式。

三是要更"高"，形成"明见"。战略性思维必须站得高，才能从整个环境中发现组织的位置，从而确定方向。这里主要包含三个方面的含义：从层次上看，战略思考的是组织最高层面的行动方案，高于职能和战术策略；从目标上看，战略性思维有更高的追求和更高的目标；从方

战略性思维：竞争、合作与全局意识

法论上看，战略性思维于企业而言体现的是企业的价值观和社会责任。

四是要更"全"，形成"通见"。战略性思维应具有整体性（对象）、全局性（利益范围）和全面性（考虑范畴）。

五是要更"透"，形成"灼见"。战略需要做正确的事，要找到正确的事，必须对组织活动的本质进行深刻的思考，理解透彻，体现出战略性思维的清晰性、本质性和根本性。

六是要更"准"，形成"定见"。战略即是方向，事关组织生死存亡，失之毫厘谬以千里。战略性思维必须准确判断组织生存发展的关键，形成组织的定位，包括确定的观点、准确的定位和保持思维的定力。

七是要更"特"，形成"创见"。战略性思维的"特"如波特（M. Porter）所讲的"差异化"，在品牌形象、技术特点、外观特征、顾客服务和营销网络等方面，塑造产品或服务的独特性，造成相对于竞争者的有利差异；又如特劳特（J. Trout）所说独特定位，在顾客心智中形成"与众不同"的印记，有"创见"和标新立异。

八是要更"敏"，形成"倪见"。即事物初见端倪即有察觉，战略性思维必须具有动态性、直觉性和敏锐性，跟踪环境变化，从细微处感知机会威胁、从萌芽新事物中发现新需求新可能，一旦确定即可发掘为组织的新增长点。

以上八个视角是战略性思维本质的重要切分维度，也是相互联系、相互支持、相互依存的统一体，思考的是同一个事物的不同侧面，也是战略性思维需要把握的重要本质。

同时，战略性思维的本质也需要明确战略与策略的联系与区别。战略是从全局、长远、大势上做出判断和决策，正确的战略需要正确的策略来落实，策略是在战略指导下为战略服务的。战略和策略是辩证统一的关系，要把战略的坚定性和策略的灵活性结合起来。今天，我们比历史上任何时期都更接近、更有信心和能力实现中华民族伟大复兴的目标，同时中华民族伟大复兴绝不是轻轻松松、敲锣打鼓就能实现的，前进道路上仍然存在可以预料和难以预料的各种风险挑战。① 这就要求我们强化战略性思维，保持战略定力，从历史长河、时代大潮、全球风云中分析演变机理、探究历史规律，把谋事和谋势、谋当下和谋未来统一起来，因应情势发展变化，及时调整战略策略，牢牢掌握战略主动权，增强工作的系统性、预见性、创造性。

（三）战略性思维的意义

战略性思维是对关系事物全局的、长远的、根本性的重大问题进行灵活而主动的谋划，是一个分析、判断、预见和决策的动态过程。对于个人、企业和社会而言，战略性思维具有十分重大的意义。

对于个人而言，战略性思维是决定个人人生发展方向的重要思维，体现在职业规划、伴侣选择和价值实现上，不同的战略性思维对个人的人生指导意义是不同的。比如说个人的职业发展规划，首先思考的是想要成为什么样的人，这是职业规划的首要问题。其次是内外部分析，内部分析主要涉及个人所具备的能力、知识、学历、资源和人脉等，外部分析主要包括就业市场大环境分析、就业需求分析和岗位匹配度分析等。再次是进行战略决策，认清个人面临的所有选择，选择指标和关注点，并且要十分聚焦。从次是保证落地举措，也就是战略规划和现实匹配，把握好优先级事件和面临的困难与挑战。最后是寻求多方的资源支撑，包括在人财物上的支撑。因此，战略性思维对个人发展而言具有十

---

① 人民日报社论：在新时代新征程上赢得更加伟大的胜利和荣光，2021 年 11 月 12 日。

战略性思维：竞争、合作与全局意识

分重要的意义。

对于企业而言，企业战略性思维分为以资源为本的战略性思维、以竞争为本的战略性思维和以顾客为本的战略性思维。三种战略性思维并无优劣之分，各有优势，需要综合运用来制定企业战略。战略在欧美市场已如此根深蒂固，其所创造的共识机制也为企业追求自身存在的独特价值提供了关键的基础。虽然金融危机已经渐渐远离人们的视野，但商业世界迎来的是永无止境的不确定性，当前全球经济亦陷入更加针锋相对的矛盾与对立之中。战略大师们正面临前所未有的挑战——在这个日益碎片化的世界中，如何能像以前那样挖掘具备普遍性的战略思想和方法呢？如果说此前所进行的企业战略和战略管理的研究试图通过通用性的框架或模型将企业引领上战略之路的话，那现在这些企业就是为了适应碎片化的世界，延伸与构建匹配自身需要的战略推进体系，借助这一体系整合人、组织以及战略，并培育组织的战略性思维。此外，要改变现状，构建和强化中高层管理人员的战略性思维更是关键。强大的战略性思维将在组织内部构建"统一"的战略沟通语境和企业思维逻辑，从而形成组织进行战略思考的能力，并进一步驱动自身的战略规划与管理能力的建立与发展。

对于整个社会而言，战略性思维始终具有根本性、全局性的重大意义。在新时代，学习毛泽东同志的战略智慧、战略性思维和战略思想，尤其具有根本性、全局性的重大意义。我们要继承和发扬毛泽东同志开创的我们党战略性思维的优良传统，增强全党的战略意识。特别在世界面临百年未有之大变局、中华民族伟大复兴进入重要阶段的历史条件下，在我们前进道路上重大风险、重大挑战、重大矛盾、重大困难叠加，各种不确定性增加的情况下，更要始终保持战略清醒，切实增强战略定力，努力加强战略运筹，牢牢把握战略主动，从战略高度把全党和全国各族人民团结凝聚起来，以钢铁意志、钢铁力量，为实现全面建设社会主义现代化国家的战略目标、实现中华民族伟大复兴的中国梦而努力奋斗。

总而言之，战略性思维对于个人、企业和社会而言都具有十分重要的意义，战略性思维不仅要从整体角度"航拍"，体现出全面性、系统性和综合性，还要从局部各因素角度兼顾内部环境和外部因素分析。从外部环境如政治、经济、文化、技术、法律法规、社会价值和生活模式及人口因素的角度分析行业环境、行业生命周期、行业竞争态势等，结合行业的内部环境，如有形的物质性和金融性资源，无形的组织、技术、企业形象、企业文化资源，人力资源（如素质、能力）等，全面整体综合考量，才能体现战略性思维，把握主方向。

三、本书写作脉络及意图

战略性思维可以理解为战略的战略，是对战略的认知，没有系统思维就很难真正认识战略本身。在战略性思维中，战略制定被视为管理活动中的高端任务，被潮流压力和决策困境包围的管理者，像盲人摸象般围着"战略"摸索，试图找到解决问题的武器。

战略认识的形成需要有审视整个大象的眼光。现实中每个人常常都只是紧紧抓住战略形成过程的一个局部，而对其他难以触及的部分一无所知，况且，我们不可能通过简单拼接大象的各个部分去得到一头完整的大象。不过，为了认识战略性思维整体，我们必须先理解战略性思维不同的局部视角。

本书将从十一个不同的视角分析战略性思维，每一个视角都蕴含着

战略性思维：竞争、合作与全局意识

不同的战略性思考。第一个视角是从逐于智谋的历史长河中审视战略性思维。第二个视角是在以赢者通吃为规则的博弈论中看战略性思维。第三个视角是在以演化不息、创新不怠为特征的生命科学中观察战略性思维。第四个视角是在生涯规划中看战略性思维，相信"天生我材必有用"是对自我价值的肯定。第五个视角是从管理学视野中看战略性思维。第六个视角是在知己知彼、百战百胜为谋略的军事学视野中看战略性思维。第七个视角是中国共产党在反反复复实践摸索中形成的"走好走稳自己的路"的战略性思维。第八个视角是从遵守社会秩序和实现良法善治中看法律视野中的战略性思维。第九个视角是数据赋能下看 AI 时代中的战略性思维。第十个视角是以纵横捭阖为特征的游戏设计的战略性思维。第十一个视角是以中和之道为特征的战略性思维的哲学之维。

战略性思维通过调动一切资源要素，采用最有效的方法和手段，实现某一战略的目标和价值追求。把握战略性思维的能力，高瞻远瞩、统揽全局，包括把握事物发展总体趋势和方向的能力，了解局部后掌握全局的能力。战略性思维的智慧充分汲取了唯物辩证法的精髓，突出表现在妥善处理好方法与目的、局部与全局、当前与长远、重点与非重点等关系中，具有重要的战略意义和现实指导意义。

第一讲　逐于智谋：历史视野中的战略性思维

周鼎

课程拓展视频

周鼎老师

第一讲 逐于智谋：历史视野中的战略性思维

题记：

上古竞于道德，中世逐于智谋，当今争于气力。

——〔战国〕韩非

蟋蟀能够记住自己的战绩。每一只蟋蟀都拥有相应的等级次序，低等级的蟋蟀要屈从于高等级的蟋蟀。有趣的是，经常获胜的雄性蟋蟀更有可能获得雌性蟋蟀的青睐。这种评估敌我力量强弱的能力不仅让蟋蟀可以避免无谓的伤亡，而且有利于构建大规模的群体。自然选择青睐这种评估能力。除了蟋蟀，诸如鸡群的"啄序"、猴群的"梳毛"也都展现了相似的能力。在人类身上，这种评估能力更是与日俱进。人类的祖先古猿灵长类在前额叶部位形成了全新的大脑皮层。英国演化人类学家罗宾·邓巴（Robin Dunbar）将新大脑称为"社会大脑"，因为它的出现提升了古猿以及后来人类的认知能力和群体规模，这也意味着发展了合作共事、应对冲突以及施展诡计的能力。正是这些历经百万年漫长进化形成的能力促进了战略性思维的出现。

一、中国古代早期的战略性思维

（一）中国古代战略性思维的兴起

西晋时期，高阳王司马睦的长子司马彪（？—约306年）在丧失了王位继承权后致力著述，撰写了一系列书籍，其中一本以"战略"二字为书名。这可能是战略一词在我国文献里最早的记录。原书早已散佚，其内容与现代战略思想并无太多关系。事实上，我们现在所用的战略一词是译名，来自西方的"strategy"。最初把"strategy"译为"战略"

的可能是日本人，而我国从日本引进这一名词是在清朝末年。

我国古代虽然没有作为军事术语的战略，不过这并不代表我国古代没有战略观念的存在。《左传》《孙子兵法》所用的若干名词，如兵、谋、计等，都具有战略的含义。秦汉以后，随着《六韬》《三略》的流行，更是形成了"韬略"这样的名词。所以，"战略"一词虽发源于西方，但战略观念并非西方所独有，而应被视为人类的共同遗产。

在中国战略思想史中，先秦时代不仅为开创期，更可说是黄金时期。最早展现战略性思维的大事件是周人灭商。生活于岐山地区的周人原是商人的属国。然而经过太王、文王和武王三代的苦心经营，周人最终完成了翦商大业，缔造了辉煌的西周王朝。当代学者根据新发现的周原甲骨，结合传统史料，大致梳理了周文王的克商战略。整个文王时期，周人的扩张战略可以分为两个阶段。前一阶段对西北方及山西一带的方国部落主要采取团结安抚的策略，并辅以武力征服；而对西南方的方国部落采取武力征服的战略，并辅以安抚策略。此后，文王以德服人，成功调停虞国与芮国的冲突，"受命称王"，成为公认的地区霸主，并形成了三分天下有其二的战略格局。后一阶段文王改变了迂回发展的间接路线，转而直接由西向东，进攻商人的方国及其商王畿内的方国。最终由武王秉承遗志，经过牧野之战，一举攻占朝歌，消灭了不可一世的"大邑商"。西周立国之后，周武王之弟周公以武力为后盾，大力推行封建，创立宗法制度，倡导礼乐文化，使得偏居西隅的周人迅速向东扩张，取代殷人占有天下。周公所建立的礼乐制度，规模宏大，高瞻远瞩，展现了他的大战略思想。文王、武王和周公父子三人可谓是中国有明确历史记录以来最早的战略思想家。

公元前770年，周平王东迁，中国历史进入一个新的阶段，即"东周"，而东周又可分前后两段，前称"春秋"，后称"战国"。周室东迁

第一讲 逐于智谋：历史视野中的战略性思维

所产生的第一个后果就是王室衰微，周公苦心建立起来的封建制度开始发生根本动摇。第一种现象即为列国纷争——宗室之间经常互相残杀，篡乱之变，史不绝书。第二种现象为诸侯兼并——小国逐渐被灭亡或变成大国的附庸，而大国的势力则日益强大，形成各霸一方的态势。

在这个大混乱的时期，管仲是首屈一指的战略思想家。管仲相齐始于周庄王十二年（公元前685年），此时正是中原混乱，戎狄交侵，危急存亡之际。在齐桓公的信任和支持下，管仲临危受命，自执政之始，就制订了一套完整计划，并且逐步执行。他首先用七年的时间来整饬内政、开发经济、训练人民，才使齐国得以先富后强。在有了足够的国力之后，齐国开始向外发展，试图达到"尊王攘夷"的伟大目标。管仲所采取的主要手段是"同盟战略"。其方式大致为号召诸侯，缔结盟约，加强团结，共御外侮。有一点特别值得重视，那就是管仲在执行此种政策时，几乎完全依赖微妙的外交手段，至于武力则尽量保留作为后盾，或最多只是做有限度的使用而已。《史记》盛赞管仲为政，"善因祸而为福，转败而为功"。这也就是说他用的是弹性外交，态度绝不僵化，而且深知适可而止的道理。公元前656年的召陵之盟是齐桓公霸业中的最高成就。

在管子的战略思想中，富国强兵论对于后世影响尤为深远。富国为强兵之本，先富而后强。《管子》说："凡治国之道，必先富民。民富则易治也，民贫则难治也。……故治国常富，而乱国常贫。是以善为国者，必先富民，然后治之。"民富不仅是国富的方法，更是治国的通途，这说明政治与经济是无法分开的。管子又认为"甚富不可使，甚贫不知耻"，所以其所希望建立的是一个尽量避免贫富悬殊的社会。只有这样相对平等的社会，才能政治安定、经济发达，并构成富国强兵的基础。

在传统农耕时代，人口多寡是决定国家发展水平的一个重要因素。

战略性思维：竞争、合作与全局意识

管子说："夫争天下者，必先争人。"人力不仅是生产的基础，而且也是兵役的基础。为了增加人口，支撑更庞大的军队，国家还必须采取重农政策。管子巧妙地设计了一套民兵合一的社会体制，"作内政而寓军令"，利用地方日常行政系统来作为军队编制的基础。这可能是有史以来最早的民兵制。民兵编组之后必须勤加训练。平时教战称为"内教"，以保持完整的组织，从而极大地提高士兵的战斗积极性，增进战友之间的团结友爱，"是故夜战，其声相闻，足以无乱；昼战，其目相见，足以相识，欢欣足以相死。是故以守则固，以战则胜"。

管子还重视战前的准备："故凡攻伐之为道也，计必先定于内，然后兵出乎境。"战前准备包括八个方面：注意积聚财富，从而使财富的数量无可抗衡、天下无敌；挑选工匠，磨砺其军事技能，从而使工匠的技术无可抗衡、天下无敌；制造武器装备，从而使兵器、军备皆无可抗衡、天下无敌；选拔士卒，从而使士兵的素质无可抗衡、天下无敌；促进军队的管理教育，从而使管教水平无可抗衡、天下无敌；抓紧军事训练，从而使训练工作无可抗衡、天下无敌；调查各国军事情况，掌握各国情报信息，从而使情报工作水平无可抗衡、天下无敌；把握作战时机和运用策略，从而在出兵决策方面无可抗衡、天下无敌。"故明于机数者，用兵之势也。大者，时也；小者，计也。"所以，把握时机和运用策略是用兵作战的关键。建立大功、匡正天下，其首要之事是把握作战时机，其次是有效运用作战计划和布阵谋略。

由此可知，管子有许多观念都和现代总体战略思想暗合。虽然《管子》一书未必是管仲所著，但可以确定的是，这本书足以反映我国在春秋时期就已有相当高水准的战略思想。

（二）中国古代战略性思维的成熟

在齐国霸权衰落之后，春秋时代的竞争形势变为晋楚争霸。从城濮之战（公元前 632 年）开始，这种形势一直延续到春秋末期，差不多长达二百年。以后三家分晋（公元前 453 年），北方霸主晋国瓦解，南方新贵吴、越崛起，楚国也暂时衰颓，政治体系从两极转变成为多极。在此种多极体系之中，国家之间的关系远比过去复杂，有竞争也有合作，极大地推动了中国古代战略性思维走向成熟。

秦国统一中国是一次标准的"长期斗争"。从秦孝公用商鞅变法图强起，到秦始皇统一天下止，前后经历六代国君，中间包括秦惠文王、秦武王、秦昭襄王、秦孝文王、秦庄襄王诸王。这场长达一百四十多年的"长期斗争"是一种真正的总体性大战略，包括政治、经济、军事、外交等方面。这场大战略大概可以分为四个阶段，而每一阶段又都有一位战略家主持全局。

第一个阶段是秦孝公和商鞅联袂推行的大变法，史称商鞅变法。战国初期，秦国还只能算是二等强国。商鞅的变法不仅迅速成功，而且持久，替秦帝国奠定了深厚的基础。自秦孝公以来，秦国从来不曾打过败仗，这不能不归功于商鞅农战政策所培养出来的国力。商鞅变法的核心问题是富国强兵，把国之大事从"在祀与戎"改成"在耕与战"。改革打破了贵族制度，军功爵制激活了秦人在疆场杀敌的动力，造就了一支虎狼之师。从播种到养牛，国家帮助农民用当时先进的办法种田，鼓励采用最先进的农具——铁器。废井田，开阡陌，改革土地制度，这些措施都极大地提高了民间的生产积极性。

第二个阶段是南取巴蜀。周显王三十一年（公元前 338 年），秦孝公去世，年仅十九岁的太子驷即位，史称秦惠文王。秦惠文王在其老师

战略性思维：竞争、合作与全局意识

公子虔等的煽动下，处死了商鞅，但是商鞅的变法依然继续推行。秦惠文王用魏国人张仪为相、司马错为将。在张仪的"连横"战略思想指导下，秦国使用外交手段来分化（离间）六国，使其个别与秦国建立双边友好关系。张仪的连横政策大获成功，却也引发东部各国的警惕，致使各国一致对抗强秦。公元前318年，韩、魏、赵、燕、楚五国合纵伐秦。反秦同盟不久之后解散，秦国有惊无险地渡过难关。此时，恰好发生了一件大事："巴、蜀相攻击，俱告急于秦。"巴是巴国，位于四川东部，蜀是蜀国，位于四川西部，分别相当于今天的重庆和成都。巴蜀内讧，转而向邻近的秦国寻求支持，这为秦国南取巴蜀创造了大好机会。

张仪与司马错为了战略问题在秦惠王面前发生争论，前者主伐韩而后者主伐蜀，两人各陈利害，激烈辩论。张仪主张伐韩，"亲魏善楚，下兵三川"，"据九鼎，按图籍，挟天子以令于天下，天下莫敢不听，此王业也"。张仪的主张不仅过于冒险，而且也近似幻想。假使魏不亲、楚不善，或中途变计，则秦将何以善其后？司马错反对张仪的观点。他说："欲富国者，务广其地，欲强兵者，务富其民，欲王者，务博其德，三资者备，而王随之矣"，"故拔一国，而天下不以为暴，利尽西海，诸侯不以为贪，是我一举而名实两附，而又有禁暴正乱之名"。比较两个方案，张仪的观点是典型的"直接路线"，集中力量，攻占韩国，直取洛阳，政治上威胁周王室，这样就可以挟天子以令诸侯；司马错的观点则是"间接路线"，在实力尚有不足之时，啃硬骨头动静太大，容易沦为众矢之的，而攻取巴蜀则是闷声发大财，既增强了实力，又躲开了中原各国的目光。显然，司马错的方案更切合当时秦国的实际情况。

秦惠文王听从了司马错的建议，在周慎靓王五年（公元前316年），派人去攻打巴、蜀。不过带兵将领除了司马错，还有张仪，他们共同拿下了巴、蜀。吞并巴、蜀，巩固了秦国的战略后方，增强了秦国的国力，拓展了秦国的疆土，使秦国的国势更上了一个台阶。

第三个阶段是"远交近攻，各个击破"。商鞅变法之前，秦国常受他国轻视，强盛之后，遂不免时常向外用兵以显国威。尤其是秦国以奖励军功为主要政策，若不战又何来军功？这也是黩武主义者所必然会面临的问题。在商鞅变法到范雎谋用的九十一年内，秦国所参加的战争约占总数的百分之六十六。如此穷兵黩武，不仅费国力，而且还可能激起不利的反应，增强六国合纵的决心。在秦昭襄王时期，客卿范雎提出了富有远见的建议："王不如远交而近攻，得寸则王之寸也，得尺亦王之尺也。"于是秦王用其谋，范雎遂代穰侯魏冉为相，负责执行此种"远交近攻"的大战略。

范雎的策略，是交替运用刚柔两手，交替制服远近各国，近的韩、魏，远的燕、赵、齐、楚皆不在话下。具体来说，是分三步走。第一步，蚕食三晋，控制魏、韩。这不仅壮大了秦国的声势，而且解决了东扩基地的问题，免除了后顾之忧。赵、楚两国，这个时候已经跟秦接壤了，赵在北边，楚在南边。真正不跟秦接壤的，是燕和齐。可以这样讲，以离秦国的距离来看，韩、魏最近，赵、楚次之，燕、齐最远，而且齐是最强大的，也是离秦国最远的。第二步，掌控了韩、魏，就为进一步制服赵、楚提供了跳板。以韩、魏为基地，联赵击楚，联楚击赵，控制秦和齐之间广袤的土地，为进一步对付齐这个最强大也最遥远的国家创造条件。第三步，制服齐国，使之对秦的蚕食行动不敢介入，再反过来巩固对韩、魏及赵、楚的蚕食结果，乃至最后把它们消灭，达到统一天下的目的。这不是简单的远而交之，近而攻之，而是两手交替，既打又拉，各个击破。

秦国的大战略有一优点，那就是其持续性和一贯性。在第四个阶段，李斯的内外夹攻战略帮助秦国完成了统一大业。李斯从荀卿学帝王

战略性思维：竞争、合作与全局意识

之学，知六国不足有为，乃入秦。此时，秦已占绝对优势，其成功已为必然，问题只是如何加速而已。李斯注意到六国内部已经腐化，遂主张采取一种内外夹攻的战略，以加速敌人的崩溃。李斯向秦王所提出的战略如下："阴遣谋士赍持金玉以游说诸侯。诸侯名士可下以财者，厚遗结之；不肯者，利剑刺之。离其君臣之计，秦王乃使其良将随其后。"总结言之，这也正是"六韬"中所提出的"文伐"观念，即综合使用威胁、利诱、收买、离间、暗杀等阴谋手段以软化敌人，然后再向其发动军事攻击。事实上，秦国使用此种手段并非始于李斯，他也许只是使此种战略的运用更有系统性而已。

在硬软兼施、内外夹攻之下，六国遂迅速崩溃。秦国首先灭韩（公元前230年），其次灭魏（公元前225年），然后灭楚（公元前223年），再于次年灭赵燕两国（公元前222年），最后灭齐完成统一（公元前221年）。其顺序是首先从中央突破，再向右（南）和向左（北）巩固两翼，最后从两面向中央（东）实行大包围并完成最后一击。此种军事战略计划可谓气度宏伟，准备周详，而在执行时也能贯彻到底。就时间而言，秦国前后仅用十年即已完成全部功业，其进度更是愈走愈快，势如破竹。

秦国的"长期斗争"大战略是一种集体性和累积性的智慧结晶，它并不代表某一特定学派的理论，但在思想上却融合了若干不同的战略观念，尤其是在理论与实践之间建立了一种互动关系。此种历史经验不仅可以帮助解释战略思想的演进趋势，也可以刺激后世学者在治学时的灵感。

第一讲 逐于智谋：历史视野中的战略性思维

二、案例分析之晋楚城濮之战

（一）战争进程

晋国的始祖是周成王幼弟虞，成王灭了唐国（今山西太原），封其在此，所以称"唐叔虞"。唐叔虞之子晋侯燮父迁居晋水旁，因此改国号为晋。晋国从周惠王、周襄王时代开始，逐渐发展成为中原北部大国。但晋献公因宠骊姬之故，废杀世子申生，因而导致晋国内乱达十五年之久。公元前655年，献公次子重耳逃亡出国，十九年后才由秦穆公派兵护送返国继位，即为晋文公。文公即位后励精图治，重整朝纲，短短数年，晋国便走向复兴。在整顿内政的同时，晋国也积极开展外交活动。即位次年（公元前635年），文公出兵讨伐王子带，把周襄王送回其都城（洛邑），借以结好王室，这也是"尊王攘夷"政策的第一次尝试。同年秋，晋又出兵助秦攻鄀（国名），实际是与楚交战。

当晋国发愤图强之际，楚国的势力已如日中天。随着齐桓公去世，中原霸主空缺，虎视眈眈的楚国趁势北上，问鼎中原，在泓水之战中击败自信满满的宋襄公，一时风头无两。郑、许、陈、蔡诸国纷纷屈服，曹、卫、宋、鲁等国也相继依附。但楚成王知道，单凭中小诸侯国的归附仍不足以使自己登上霸主的宝座，必须逐步削弱和击败晋、齐、秦三个大国，才能使自己的图霸战略画上圆满的句号。为此，他积极实施先弱后强、各个击破，进而完全称霸中原的战略方针。

然而宋国的背叛打乱了楚国的战略步骤。宋国在泓水之战后被迫屈服于楚，此时见到晋国实力日增，于公元前634年主动与晋通好，叛楚附晋。宋在中原的战略地位举足轻重。楚成王想要称霸中原，自然不能

战略性思维：竞争、合作与全局意识

允许宋国投入晋的怀抱。但宋国与楚国积怨甚深，自然不甘心轻易屈服。楚成王遂于公元前 632 年冬率领楚、郑、许、陈、蔡多国联军发动进攻，将宋都商丘团团围住。晋国君臣经过讨论，决定出兵，名为救宋，实则谋求中原霸权。

当时晋、宋之间隔着楚国的同盟曹、卫两国。晋大夫狐偃建议文公采取"间接路线"，先攻打曹、卫两国，迫使楚军北上，以解救宋围。晋文公深以为然。公元前 632 年年初，晋军主力逼近晋卫边境。晋文公以曹共公当年对己无礼为借口征讨曹国。他向卫国借道，不出意料地遭到拒绝。晋军绕道南河渡过黄河，袭占卫国的五鹿（今河南濮阳南）。倍感压力的卫国发生政变，晋军顺利进入该国。曹国则顽强抵抗，到第三日才被完全攻占。

虽然晋军连战连捷，但战略目标并未取得成功。晋国进攻曹卫的目的本是引诱楚军北上，可楚军不为所动，继续围攻宋。宋国不得已再次遣使寻求晋国救援。晋文公颇感进退两难：若不出兵驰援，势必失去宋这个同盟国，损害晋国声威；若出兵驰援，在远离本土的情况下与楚军交锋，恐怕难以取胜。为此，晋文公再度召集大臣进行商议。新任元帅先轸建议：一方面让宋向齐、秦两强行贿，请他们代向楚国求情；另一方面，拘禁曹君，并把曹卫之田分赐宋人，弥补宋国的损失，同时激怒楚国，逼其进军。一旦楚国不听齐、秦两国的求情，必然会迫使两国出兵干预。如此一来，晋国不仅可以以逸待劳迎击楚军，而且还可以联合齐、秦两国壮大声势。

楚成王果然拒绝了齐、秦的调停，而齐、秦见楚国无视调停，也果然恼怒万分，出兵助晋。晋、齐、秦三大国结盟之后，斗争形势立刻逆转。幸好楚成王冷静下来，见势不妙，全面撤退，避免与晋军发生直接冲突。他告诫楚军主帅子玉说，晋文公非等闲人物，不可小觑，凡事适可而止，知难而退。但子玉骄傲自负，坚持己见，要求楚成王允许他与晋军决战，以消除有关他指挥无能的流言。成王既没有坚决制止子玉，又没有全力支持子玉。这可能暗示了楚国领导层内部的矛盾。

为了寻找决战的借口，子玉派遣使者宛春出使晋军大营，故意向晋军提出了苛刻的"休战"条件：晋军撤出曹、卫，让曹、卫复国；楚军则相应解除对宋都的围困，撤离宋国。子玉这一提议实不怀好意，给晋国出了一个很大的难题。晋国如果答应了，就会使曹、卫、宋三国感恩于楚；如果不答应，则宋围不解，曹、卫不复，则三国必怨晋而亲楚。但晋文公采纳了先轸的对策：一方面将计就计，以曹、卫同楚国绝交为前提条件，私下答应让曹、卫复国；另外扣留了宛春，以激怒子玉前来寻战。

子玉果然中计，恼羞成怒，率领楚、陈、蔡联军奔向晋军，寻求战略决战。晋文公见楚军向曹都陶丘逼近，下令部队主动"退避三舍"，诱敌深入。晋文公为了鼓励士气，解释说，此举是信守当年在流亡途中对楚成王作出的诺言。对晋军的主动后撤，刚愎自用的子玉不顾全军反对，下令乘势追击，痛歼晋军。

晋军退至城濮（山东鄄城），驻扎下来，等候齐、秦、宋各军陆续汇集。当时，晋军的兵力为七百乘左右，而楚、陈、蔡联军的兵力则达一千五百乘上下，在兵力上，晋军处于明显的劣势。晋文公检阅部队，认为士气高昂，战备充分，可以同楚军一战。楚联军方面也在积极备战。子玉将联军分成中、左、右三军。中军为主力，由他本人直接指挥；右翼由陈、蔡军队组成，战斗力薄弱，由楚将子上统率；左翼也是楚军，由子西指挥。子玉自恃兵力强大，狂妄宣称"今日必无晋"，派人给晋军送去一份措辞骄横的战书，要求约日会战。晋军胸有成竹，决然应战。

战略性思维：竞争、合作与全局意识

公元前 632 年，城濮之战爆发。晋军针对楚中军较强、左右两翼薄弱的部署态势，以及楚军统帅子玉骄傲轻敌的弱点，采取了先击其翼侧，再攻其中军的作战方针。晋下军佐将胥臣把驾车的马匹蒙上虎皮，出其不意地首先向楚军中战斗力最弱的右军——陈、蔡军猛攻。陈、蔡军遭到这一突然而奇异的打击，顿时惊慌失措，一触即溃。接着晋军又采取诱敌出击、分割聚歼的战术对付楚军左翼。晋上军故意在车上竖起两面大旗，假装退却。同时晋下军也在后方用战车拖曳树枝，尘土飞扬，制造后方晋军也在撤退的假象，引诱楚军出击。子玉不知是计，下令左翼追击。晋中军主将先轸见楚军中了圈套，立刻指挥最精锐的中军横击楚左军。晋上军也乘机回军夹攻。楚军左翼遭此打击，退路被切断，陷入重围，很快也被消灭。

子玉此时见其左、右两军均已失败，大势尽去，不得不下令中军迅速脱离战场，才免遭全军覆没。楚军战败后，向西南撤退到楚地连谷。在楚成王的严词斥责下，子玉被迫自杀。城濮之战就此以晋军获得决定性胜利而宣告结束。

城濮之战后，晋军移军向西，进入郑国境内，迫郑叛楚附晋。晋文公在践土（今河南原阳县西南）举行献俘之礼，向周天子进献所俘获的楚国驷马披甲的兵车一百乘和步兵一千人。周天子厚赏晋文公，并正式策命晋文公为"侯伯"这一诸侯之长。这一年晋文公多次召集各国诸侯在践土、温（今河南温县南）会盟。至此，晋国终于实现了"取威定霸"的政治、军事目标。

（二）分析与总结

城濮之战是我国春秋时期晋、楚两国为争夺中原霸权而进行的第一次战略决战。此战之后，中原地区结束了齐桓公死后的混乱状态，确立

第一讲　逐于智谋：历史视野中的战略性思维

了以晋为霸主的相对和平稳定的局面，同时也决定了楚国最终不能独霸中原的命运。自此之后，春秋历史进入了晋、楚争霸的新阶段。

楚国在泓水之战获胜后，威震中原，原本应该乘势展开政治攻势，采取善邻政策，以调解中原诸侯之间矛盾为己任，争取各诸侯国向心于楚；而以军事威胁作为辅助手段，不宜轻易出兵攻伐。若此，则以楚国当时的军力与国势是有可能独霸中原的。但楚国不善于运用政治策略，只一味仰仗军事力量和征服手段，企图单纯以武力压服他国，这就导致了在政治上陷自己于孤立的地位。

楚国既应鲁国的请求出兵伐齐救鲁，就应该以齐为主要打击目标，集中力量对齐，然后西向击破晋、秦，先弱后强，各个击破，而不应半途改变主要攻击方向，去对付宋国。但楚国君臣不能审时度势，贸然分兵伐宋、伐齐，犯了两线作战的错误。另外，楚军在泓水之战胜利后骄傲自满，不重视争取与国和利用同盟军，既得不到鲁国等同盟军的配合策应，又轻率拒绝齐、秦的调停，陷于外交上的孤立，在战略指导上犯下无可挽回的错误。

当晋出师救宋之势已成，楚本当相应及早放弃围宋作战，集中优势兵力以对付晋军。如在晋军渡河侵卫时，楚军若以优势兵力救卫，也许能挫败晋军的锋芒；或在晋师攻曹时，若以大兵迫晋军于曹都城下决战，亦有可能胜晋。因为当时齐、秦两国尚未打破中立，晋军远道征战，势单力孤，楚若能和鲁对晋实施夹击，则晋军处境将十分不利。无奈楚留恋于围宋，顿兵挫锐于坚城之下，坐失时机，终陷被动。

在晋已攻占曹、卫，并取得齐、秦出兵相助之际，楚战略上处于被动之形势业已明朗。楚成王决心退却是正确的，但楚军前敌统帅子玉却囿于个人名利地位，不顾大局，骄躁轻敌，遂加速了战局的恶化。而楚成王既已决心退却，却又抱侥幸取胜心理，未坚决制止子玉的错误，也

战略性思维：竞争、合作与全局意识

不增派更多的军队。这种内部的分歧以及由此引起的指挥混乱，是一支军队陷于失败的决定性因素之一。

楚军的作战指导也笨拙呆板，缺乏机动灵活性。它为对手"退避三舍"的策略所迷惑，大举追击，既劳师疲众，又失道亏理，实为被动的做法。在战场上，楚军主将也只是固守一般战法，列阵对战，对战场上出现的异常情况不能及时判明真相，识破对方企图，灵活采取对策，而为对方的诡道战术所诱骗，陷入混乱、被动。当左、右军遭到攻击，情况危急之时，主力中军却按兵不动，未作及时策应，致使左、右军被晋军逐个歼灭。

总之，楚军方面君臣不睦，将骄兵惰，君主昏庸无能，主帅狂妄轻战，既不知妥善争取与国，又不能随机多谋善断，加上作战部署上的失宜，军情判断上的错误，临战指挥上的笨拙，终于导致了战争的失败。

反观晋文公即位后，选拔和任用了一批智能之士，又采取了正确的对外政策，高举"尊王"的旗号，拥有了团结中原诸侯的重要政治资本，同时把握机遇，应宋的请求出兵抗楚救宋，从而举起了"攘夷"这面大旗。这样，晋文公全盘继承了齐桓公"尊王攘夷"的事业，成功塑造了诸侯之伯的形象。另外，晋国的取胜，也有其深厚的经济和军事原因。尤其是在实行"作爰田"和"作州兵"两项改革后，国力发展加快，从而能在城濮之战前夕"作三军"，建立起一支强大的军队。另外，晋国从西周建国后，一直和戎、狄相邻，晋国的军队习惯了戎、狄的生活方式，培养了强悍善战的风气。其内部和睦团结，指挥统一而又机动灵活，纪律严明，作战英勇，临战又谨慎对敌，不骄不躁，这些条件都是楚军所不及的。

城濮之战初期，晋军兵力劣于对手，又渡过黄河在外线作战，处于相对不利的地位。但是晋文公能够善察战机，虚心采纳先轸、狐偃等人的正确建议，选择邻近晋国的曹、卫这两个楚之与国为突破口，采取先胜弱敌，调动楚军北上，解救宋围的作战方针，从而取得了以后作战的前进基地。随后又根据楚军没有北上、解围目的未曾达到这一新的形势，审时度势，及时运用高明的谋略争取齐、秦两个大国与自己结成统一战线，并激怒敌人，诱使其失去理智而蛮干，从而使晋军夺取了军事上的主动权，为赢得决战的胜利奠定了牢固的基础。

当城濮决战之时，晋军贯彻诱敌深入、后发制人、伺机聚歼的作战方针，主动"退避三舍"，避开楚军的锋芒，以争取政治、外交和军事上的主动，诱敌冒险深入，伺机决战。同时赢得齐、秦、宋各国军队在战略上的遥相呼应，给敌以精神上的压力，并集中兵力，鼓励士气。一切就绪后，又能针对敌人的作战部署，利用敌人内部不团结的错误和兵力部署上的过失，乘隙捣虚，灵活机智地选择主攻方向，集中优势兵力先攻打敌人的薄弱环节，并迅速加以击退，带动全局，扩大战果，予敌各个击破，从而获得了这场关系到晋、楚命运及中原形势的战略决战的辉煌胜利。

拓展阅读书目

1. 劳伦斯·弗里德曼：《战略：一部历史》，王坚、马娟娟译，社会科学文献出版社 2016 年版。

2. 钮先钟：《中国古代战略思想新论》，安徽教育出版社 2005 年版。

3. 张国刚：《治术：周秦汉唐的经世之道》，中华书局 2020 年版。

4. 黄朴民：《中国军事通史 第二卷 春秋军事史》，军事科学出版社 1998 年版。

5. 李德·哈特：《战略论：间接路线》，钮先钟译，上海人民出版社 2010 年版。

第二讲 赢者通吃：博弈论中的战略性思维

颜锦江

课程视频

颜锦江老师

第二讲　赢者通吃：博弈论中的战略性思维

题记：

精明的人是精细考虑他自己利益的人；智慧的人是精细考虑他人利益的人。

——雪莱

一、博弈论的基本概念

博弈论是研究决策主体的行为发生直接相互作用时候的决策，以及这种决策的均衡问题的一种专门学科。可以说，博弈论是研究互动决策的方法论。既然是研究互动决策的方法论，博弈便不是一个人的决策。一个主体，无论是个人或企业，其决策往往都要受到其他主体决策的影响，而且这种影响又会反过来影响其他主体的决策。一般情况下，人们往往没有意识到自己在做决策时已经考虑了别人可能的反应。然而，在现实生活中，人的决策往往是不经意间对别人决策的反应。因此，一个人或者一个企业要想获得最优策略，就必须了解自己，同时了解别人，正如《孙子兵法》里所言"知己知彼，百战不殆"。这个战略性思维方式可以称为博弈思维。

主体（个人、企业等）之间决策相互影响的例子很多。比如，夫妻之间的"博弈"从一开始就是一场谁也不会赢的"战争"；寡头市场上，企业关于他们价格和产量的决策是在考虑对方决策基础上做出的反应；律师在辩护工作中要与多种主体进行博弈；企业与工会之间的工资谈判是劳资谈判博弈；我国中央和地方之间也存在着博弈，中央采取一种行动会影响地方的行动，反过来地方的行动又会使中央采取相应的措施。所以，博弈论在日常生活中大有用武之处。

一个博弈主要由七个要素构成。一是参与人。参与人是指博弈中选择行动以最大化利益（效用、利润）的决策主体。二是行动。行动是参与人在博弈的某个时点的决策变量，参与人的行动可能是离散的，也可能是连续的。三是信息。信息是指参与人在博弈中的知识，特别是有关其他参与人（对手）的特征和行动的知识。四是战略。战略是参与人选择行动的规则，这个行动规则不是参与人某一个或者某几个行动的规则，而是贯穿整个博弈过程和全局的行动方案和规则，它告诉参与人在什么时候选择什么行动。例如，"人不犯我，我不犯人；人若犯我，我必犯人"是一种行动规则，这里，"犯"与"不犯"是两种不同的行动，行动规则规定了什么时候选择"犯"，什么时候选择"不犯"。五是支付函数或收益。支付函数或收益是参与人从博弈中获得的效用水平，它是所有参与人策略的函数，是每个参与人真正关心的东西。博弈参与人在博弈中追求自身效用的最大化，而最大化的效用需要参与人寻找最优策略来实现。六是结果。结果是博弈参与人感兴趣的要素集合。七是均衡。均衡是指所有参与人的最优战略或行动的组合。上述概念中，参与人、行动、结果统称为博弈规则，博弈分析的目的是使用博弈规则决定均衡。

二、博弈论的基本假设和类型

博弈论有两大基本假设——理性人假设和共同知识假设。理性人假设是指在博弈中，每个参与人都是理性的，每一个人都能在决策时充分考虑到他当前面临的局势，也会顾及对方的行动对自己造成的影响和成果，然后根据各种预测选择使自己利益最大化的策略。理性人假设主要包括认知的理性和行为的理性两个方面。认知的理性是指人是自我利益的判断者，只有他自己知道自己的最爱；行为的理性是指人是自我利益的追求者，在各种条件许可下，他一定会选择自己的最爱。共同知识假设则是博弈论中一个限制性极强的假设。共同知识假设是指各个参与人在无穷递归意义上均知悉的事实。即每个人都知道事件 A，每个人都知道对方知道事件 A，每个人都知道对方知道自己知道事件 A……一直到无穷层次。

博弈论可以划分为合作博弈和非合作博弈。约翰·纳什（John Nash）的贡献主要是在非合作博弈方面，而且经济学家谈到博弈论，一般指非合作博弈，很少指合作博弈。合作博弈与非合作博弈之间的区别主要在于人们的行为相互作用时，当事人能否达成一个具有约束力的协议。如果有，就是合作博弈；反之，则双方便是非合作博弈。例如，如果两个寡头企业之间达成一个协议，联合起来最大化垄断利润，并且各自按这个协议生产，就是合作博弈。但是如果这两个企业间的协议不具有约束力，就是说，没有哪一方能够强制另一方遵守这个协议，每个企业都只选择自己的最优产量（或价格），则双方便是非合作博弈。合作博弈是研究参与合作各方的收益分配问题。之所以能够产生合作，是因为博弈能增加参与双方获得的利益；或者至少有一方的利益增加，而另一方的利益不受损害。它强调的是团体理性、效率、公平、公正。非合作博弈是一种互不相容的情形，它强调的是个人理性、个人最优策略，其结果可能是有效率的也可能是无效率的。

非合作博弈的划分可以从两个角度进行。第一个角度是参与人行动的先后顺序。从这个角度，可以将非合作博弈划分为静态博弈和动态博弈。静态博弈指的是博弈参与人同时选择行动，或虽非同时但后行动者并不知道前行动者采取了什么具体行动；动态博弈指的是参与人的行动有先后顺序，且后行动者能够观察到先行动者所选择的行动。第二个角度是参与人对有关其他参与人的特征、战略空间以及支付函数的认识。从这个角度，非合作博弈可以划分为完全信息博弈和不完全信息博弈。完全信息博弈指的是每一个参与人对所有参与人的特征、战略空间以及支付函数有准确的认识；否则就是不完全信息博弈。

将上述两个角度的划分结合起来，我们就得到四种不同类型的博弈，这就是——完全信息静态博弈、完全信息动态博弈、不完全信息静态博弈、不完全信息动态博弈。纳什均衡的概念可以帮助我们对一个博弈的结果做出可靠的预测，它告诉我们什么样的发展才具有稳定性，才是一个均衡。所谓纳什均衡，就是当局中的每一个行动主体，给定其他人策略，都已经不能通过单方面的策略改变而实现额外的收益。也就是说，每个人的策略选择都已经实现了自身利益的最大化，因此每个人都没有改变现状的积极性，这样的局面就在互动中实现了平衡。

三、博弈论中的战略性思维

博弈论是战略分析和决策的重要方法论，人们在讨论战略性思维的时候总绕不开博弈论。战略性思维包含思维主体对关系事物全局的、长远的、根本性的重大问题的谋划（分析、综合、预见和决策的）的思维方法。人们在作战略分析的时候往往要进行沙盘推演，在下棋的时候要进行复盘，这些手段都是在对长远未来做出谋划，通过不断地向前展望，往回推理，降低未来的不确定性，增强战略实施的可行性。在现代战略理论中，无论是合纵连横还是远交近攻，"战"除了对抗、攻击关系，还有"不战而屈人之兵"的含义。这正好与博弈论的非合作博弈与合作博弈相对应。

博弈论的基本思维方法是向前展望，往回推理。向前展望是指自己在做决策时要考虑自己的决策对他人的影响以及他人的行为对自己的影响。往回推理就是在向前展望的基础上，将展望的结果作为最初决策的相关因素加以考虑，从最后一步的结果开始，逐步往回推，直到博弈开始的第一步，从而找到自己在每一步的最优选择。下棋的思考过程就是典型的博弈思维过程。下棋之前，思维主体应尽可能预测事态发展可能出现的一切情况，即"下棋看三步"，具有前瞻性。另外，要考虑自己每一步的出招对方如何回招，自己再怎么接这个回招，以及这一回合对下一回合的影响。在考虑好了之后，再往回推理自己当前选择走出哪一步棋在后续的对弈回合中对自己最有利。

因此，战略性思维与博弈论的向前展望、往回推理的思维方法是一致的。

四、博弈案例

（一）静态博弈——囚徒困境

有两个犯罪嫌疑人——甲和乙，两人涉嫌共同作案。警方怀疑他们作案，但是并没有确切的证据，所以最终的量刑只能取决于两人的供词。警方希望得到有利的供词，于是把两人分开关押，单独审讯。警察分别告诉每一个人，如果两人都不承认，每个人都判刑 1 年；如果两人都坦白，各判刑 8 年；如果两人中一个人坦白另一个人抵赖，坦白的释放出去，抵赖的判刑 10 年。这样，每个嫌犯面临四个可能的结果：获释（自己坦白同伙抵赖）、被判刑 1 年（自己抵赖同伙也抵赖）、被判刑

8年（自己坦白同伙也坦白）、被判刑10年（自己抵赖但同伙坦白）。

		囚徒甲	
		坦白	抵赖
囚徒乙	坦白	-8, -8	0, -10
	抵赖	-10, 0	-1, -1

图 2-1 囚徒困境

图 2-1 概述了囚徒困境问题。在这个博弈中，每个囚徒都有两种可选择的战略——坦白或抵赖。显然，不论同伙选择什么战略，每个囚徒的最优战略是"坦白"。比如说，如果嫌犯乙选择坦白，嫌犯甲选择坦白时的支付为-8，选择抵赖时的支付为-10，因而坦白比抵赖好；如果嫌犯乙选择抵赖，嫌犯甲坦白时的支付为0，抵赖时的支付为-1，因而坦白还是比抵赖好。也就是说，"坦白"是嫌犯甲的占优战略。类似地，"坦白"也是嫌犯乙的占优战略。在这个情境里，"坦白"是唯一的选择，这就是所谓的占优策略，就是不管对方怎么做，坦白都可以给自己带来更高的回报。那么（坦白，坦白）这样的策略组合，就完全符合了纳什均衡的定义——给定其他参与人的策略，任何一个参与人都不能通过单方面改变自己的行动获益。给定乙坦白，坦白是甲的最优策略；给定甲坦白，坦白也是乙的最优选择。我们就得到了这个博弈的唯一纳什均衡。

那么请思考一个问题。如果我们考虑两个人的总体利益，哪一个结果带来的回报最高？很显然，要最大化集体利益，应该是两人合作，坚决抵赖，这样的话警方也没有太好的办法，两人都只用被判短短1年。但是这样的结果并不是一个均衡。因此，囚徒困境带给我们这样一种启示：个体与群体之间存在矛盾。个体理性带来背叛的诱惑，个体的最优选择带来群体利益的损失,这就是所谓的囚徒困境。

(二) 合作博弈——猎鹿博弈

启蒙思想家让-雅克·卢梭(Jean-Jacques Rousseau)在其著作《论人类不平等的起源和基础》中描述的个体背叛影响集体合作的过程,后来被学者们称为猎鹿博弈。

在古代的一个村庄里有 A 和 B 两个猎人,当地的猎物主要有两种——鹿和兔子。当时,人类的狩猎手段比较落后,弓箭的威力有限。在这样的条件下,我们可以假设,打鹿需要两个人一起打才能打到,一个人只能抓兔子。如果一个猎人单兵作战,他只能抓到 4 只兔子。如果两个猎人一起去猎鹿,能猎获 1 只鹿。从效用角度来说,4 只兔子能让一个人 4 天不挨饿,而一只鹿却差不多能让两个人吃上 10 天。

		猎人A 抓兔	猎人A 打鹿
猎人B	抓兔	4, 4	4, 0
猎人B	打鹿	0, 4	10, 10

图 2-2 猎鹿博弈

图 2-2 概述了猎鹿博弈问题。这个猎鹿博弈有两个纳什均衡点,那就是——要么分别抓兔子,每人吃饱 4 天;要么合作,每人吃饱 10 天。在这个矩阵图中,每一个格子都代表一种博弈结果。具体来说,左上角的格子表示,猎人 A 和 B 都抓兔子,结果是猎人 A 和 B 都能吃饱 4 天;左下角格子表示,猎人 A 抓兔子,猎人 B 打鹿,结果是猎人 A 可以吃饱 4 天,猎人 B 则一无所获;右上角格子表示,猎人 A 打鹿,猎人 B 抓兔子,结果是猎人 A 一无所获,猎人 B 可以吃饱 4 天;右下

角表示，猎人 A 和猎人 B 合作打鹿，结果两人平分，都可以吃饱 10 天。显然，两人合作猎鹿的好处要比各自抓兔子的好处要多，但是要求两个猎人的能力和贡献相等。如果一个猎人的能力强，贡献大，他就要求得到较大的一份，这可能会使另一个猎人觉得利益受损而不愿意合作。我们假设，如果按照能力来分配合作成果，猎人 A 和猎人 B 猎鹿的收益分别为 17 和 3。这时，显然猎人 B 从合作猎鹿中得到的收益，还不如单独抓兔子，合作猎鹿就成为他的劣势策略。这样，双方显然无法达成合作，而只能抓兔子。我们可以看出要想形成合作，能力较差的猎人 B 的所得至少要大于其独自打猎的收益，否则他没有合作的动机。为了改善双方的境况，就需要能力较强的猎人 A 有全局眼光，把自己的一部分所得分给猎人 B。这看上去有点不公平，但由此达成的合作对双方都是有好处的。

从这个案例中，我们可以得到一些启示：如果在合作中，总有一方想拿走大部分合作收益，而且所有人都知道这一点。那么，即使按照能力或者贡献来说这种分配是"公平"的，仍然没有人再愿意与他们共事，合作就无法继续。如果得势的人让人知道自己一定会利用这个优势获得更多的利益，这必然会导致背叛。所以，合作博弈的核心是某种程度上的公平分配。

（三）非合作博弈——公地悲剧

非合作博弈的典型案例是"公地悲剧"。有一块开放的公共牧场，牧羊人可以在公用的草地上放养自己的羊群。本来，如果每个牧羊人约束自己，将放养羊的数量控制在牧场承载能力之内，那么从长远看，每个牧羊人都能够持续从这片公用草地上获得养羊的收入。但是，这时其中一个牧羊人开始想给自己的羊群多添几头羊，并且他担心如果他不这样做，其他牧羊人都这么做了，他的羊群能吃的草就会被其他人多添的羊群抢先吃掉。另外，多添几头羊能给这个牧羊人增加一份收入，而整个公共的草地也不过就是少了一点点而已。对于这位牧羊人来说，这样的想法从逻辑上是理所当然的。但是，当所有的牧羊人都开始有了同样的想法的时候，悲剧就不可避免地产生了。每一个牧羊人都给自己的羊群增添几头羊，结果公用的草地被过分啃噬，不久就只剩下了一片不毛之地，大家也无草养羊了，这就是著名的"公地悲剧"。

从这个案例中，我们可以得到以下启示——公地作为一项资源或财产有许多的拥有者，他们中的每一个人都有公地的使用权，但没有权力阻止其他人使用，而每一个人都倾向于过度使用，从而造成公地资源的枯竭。之所以叫悲剧，是因为每个当事人都知道资源将由于过度使用而枯竭，但每个人对阻止事态的继续恶化都感到无能为力，而且都抱着"及时捞一把"的心态加剧事态的恶化。公共物品因产权难以界定（或界定产权的交易成本太高），往往难免被竞争性地过度使用或侵占。但"公地悲剧"的发生，人性的自私或不足只是一个必要条件，公地缺乏严格有效的监管是另外一个必要条件。所以"公地悲剧"并非绝对不可避免。人们可以采取不同的方案解决"公地悲剧"问题。第一种方案是私有化，公共悲剧源于资源的公共品属性和非排他性，而私有化能够组织当事人竞相消费公共资源，避免稀缺资源被过度消费。例如草坪归私人所有，受法律保护，那么外来的羊群不被允许随便进入，否则会受到法律的制裁。第二种方案是加强管理，就是通过行政手段降低对公共资源的损耗。典型的像许可证制度和价格调控等。第三种方案是提升个人的精神境界。人具备社会性，社会性要求人不能只利己，还要利人。所以我们要学会采取互利主义而非机会主义的方式与人相处，做到既要维护个人利益，又要兼顾集体利益，这样才能避免公地悲剧的发生。

战略性思维：竞争、合作与全局意识

通过囚徒困境、猎鹿博弈以及公地悲剧这样的经典场景，我们了解了静态博弈和纳什均衡的概念。虽然博弈论是一门技术性很强的学科，但是战略性思维的智慧在我们的生活中无处不在，博弈论在军事斗争、系统控制和人和自然的斗争中都有一定作用。例如，《隆中对》对天下大事的分析和提出联吴抗曹的战略便是典型的对策论；《孙子兵法》早就有"知己知彼，百战不殆"的高论，更有"不战而屈人之兵"的最优策略。其本质，就在于换位思考，从别人的角度去想问题。在政治军事战略中，有战争就有和平；在国际战略中，有冲突就有合作；在企业战略中，有竞争就有双赢；在文化战略中，有入侵就有融合。从这个意义上讲，战略就是处理对抗关系和合作关系的方法和策略。博弈论为我们处理这些相互作用提供了思路，它是博弈双方如何战胜对方的方法，也是发现合作途径的艺术。

拓展阅读书目

1. 张维迎：《博弈论与信息经济学》，上海人民出版社 2004 年版。

2. 张维迎：《博弈与社会》，北京大学出版社 2013 年版。

3. 齐格弗里德：《纳什均衡与博弈论》，洪雷、陈玮、彭工译，化学工业出版社 2011 年版。

4. 谢识予：《经济博弈论》，复旦大学出版社 2002 年版。

5. 张守一：《现代经济对策论》，高等教育出版社 2009 年版。

6. 迪克西特、奈尔伯夫：《妙趣横生博弈论》，董志强、王尔山、李文霞译，机械工业出版社 2015 年版。

第三讲　演化不息、创新不息：生命科学中的战略性思维

毛康珊、韩智同

课程视频

毛康珊老师

第三讲 演化不息、创新不息：生命科学中的战略性思维

题记：

能够生存下来的物种，既不是最强壮的，也不是最聪明的，而是最能够适应环境变化的。

——查尔斯·达尔文

一、以生物进化引入战略性思考

在茫茫的生物进化历史长河中，每个物种世世代代都会发生创新，这种创新就是生物适应不断变化的环境、历经多次生物大灭绝后仍然生机盎然的奥秘。例如，白垩纪、古新纪之交，一颗小行星撞击地球北美洲墨西哥湾，一时间全球尘土蔽日、气温骤降、植物大面积枯死。因为不适应低温环境且食物缺乏，一代陆地霸主（非鸟）恐龙灭绝殆尽，而哺乳动物的祖先以及鸟类，因为体型小、体被毛发等适应新环境的创新特征得以迅速崛起，成为陆地生态系统的新霸主。关于上述案例，进化生物学家和古生物学家等仍在利用最前沿的科学技术不断开展研究、发表最新进展，但是万变不离其宗，进化思想是其基石。

什么是进化？进化即"evolution"，是舶来词，目前在国内普遍被翻译为"进化"，而其最早引入东亚时被翻译为"演化"。例如，严复先生的《天演论》就是沿用"演化"的译法。需要注意的是，进化本身是非定向的、随机的，并不一定会一代更比一代强，因此"演化"可能比"进化"更为贴切。在本讲中，为了方便理解，我们统一采用"进化"的译法。一般来讲，进化论的思想是对进化论所描述的科学体系的一种简称。事实上，进化论的思想彻底改变了人类的世界观。

在达尔文所著的《物种起源》一书问世之前，西方社会的民众大多

战略性思维：竞争、合作与全局意识

信奉一套较为朴素的宗教世界观，例如基督教中所描述的创世纪的故事——人类世界是上帝花了几天时间创造出来的。事实上在我们中国，也有类似的女娲造人的故事。这个时期由于科学尚未壮大，技术水平相对低下，宗教中的神秘主义色彩仍占上风，人类对世界的普遍认识还混杂有一定的臆想猜测，即形而上的成分。《物种起源》一书的出版，为生命的起源和演化提出了一套全新的解释，使人类对地球生命从何而来的问题有了一个新的认知。书中认为，世界上所有的生命都有一个共同祖先，共同祖先不断繁衍、不断多样化，形成了我们现在看到的"大千世界"。根据生物物种目录（Catalogue of Life，COL）数据库 2024 年 7 月 18 日公布的最新数据，目前已描述的生物物种（accepted species names）有 230 万个。然而，这些现存物种只占地球历史上出现过的所有物种的极小部分，而后者中超过 99.9% 的物种都已灭绝。而达尔文进化论认为，地球上所有现存的物种，都拥有一个共同的祖先。

为了让大家对进化有一个具体的了解，我们先从一些生物进化的实例讲起。一般来说，进化可以被看作是物质、能量和信息高度统一的，且可以进行生存、繁殖的生命群体，通过不断迭代适应环境的过程。进化的核心之一是"适应"。例如在动物的进化过程中，早期的四足类哺乳动物祖先在面对不同自然环境的情况下，分别踏上了不同的进化方向——生活在岩壁、洞穴中的蝙蝠物种，逐渐进化出了有关飞行和超声波定位的功能，对岩壁洞穴环境更加适应；生活在草原上的马逐渐进化出了更擅长奔跑的四肢，从而对草原环境更加适应；生活在水中，同属于哺乳动物的海豹，进化出了适合游泳的鳍足，因此对水生环境更加适应；而生活在丛林中的人类祖先，进化出了更适合抓握和攀爬的上肢，从而对陆地生存环境更加适应。所以，蝙蝠、马、海豹和人类是一个共同祖先在不同环境下不断迭代、进化而来。

第三讲　演化不息、创新不息：生命科学中的战略性思维

当然，生物在进化过程中对于环境的适应，不仅限于对无机的自然环境的适应，其适应范围还包括了生物环境——在物种内或物种间长期存在的竞争、合作、捕食等生态关系也可以对生物产生巨大的影响，从而改变其进化历程。例如角蜂眉兰（*Ophrys speculum*）就是物种适应生物环境的典型案例。这种兰花是由蜜蜂进行传粉的，在百万年的进化过程中，兰花逐渐形成了如今的形态——其外形与雌蜂十分相像，并可以"仿制"和释放雌蜂的信息素，"欺骗"雄蜂前来进行交配。在此过程中，花粉会沾到雄蜂体表。当雄蜂从一朵兰花飞到另一朵兰花时，便作为媒介完成了兰花的传粉过程。

此外，生物也可以对人工环境产生适应，在人工的干预下发生进化，例如现代社会中琳琅满目的粮食、蔬菜、水果等农作物就是通过人工驯化产生的。通过对十字花科芸薹属植物施加不同的人工选择，人类已经选育出了多种不同的蔬菜，包括花椰菜、卷心菜、白菜、芥菜、榨菜、欧洲油菜等形态差异明显的种类。事实上，常见的一些农作物和它们祖先的样子大相径庭，例如西瓜、水稻、玉米、香蕉、胡萝卜、番茄等。西瓜的驯化历史已有 4000 多年，野生西瓜果小、果肉硬、果肉呈白色和浅色、味苦或味淡；而人工驯化产生的现代甜西瓜，具有果大，果肉甜，果肉呈红色、黄色和橙黄色，皮薄等特征，和野生西瓜有"天壤之别"。

诸如此类的生物进化的实例数不胜数。在本讲中，笔者将简要介绍进化理论的内容，以启发读者从战略的角度思考生物进化，进而感悟生命的伟大，体悟生命科学中的战略性思维。

二、生命科学中的战略性思维

（一）生命进化思想的起源

达尔文被称为"进化论之父"，但是事实上进化思想的雏形早在达尔文之前就已经出现了。例如古希腊哲学家阿那克西曼德（Anaximander）和恩培多克勒（Empedocles）认为一种生物源于另一种生物，而后来卢克莱修（Lucretius）也在其作品《物性论》（*De Rerum Natura*）中提及了类似的思想，亚里士多德更是将进化的思想纳入了他理解大自然的目的论中的一部分。有一点与大家的印象可能有所出入，那就是到了中世纪，进化思想成为对事物发展和自然界规律的一种标准认识，并被纳入了当时基督教的知识体系之中。事实上，在科学发生和发展的早期阶段，尤其是科学仍处在以博物学和哲学为基础的认识论阶段的时期，宗教在科学发展中是起到非常重要的作用的。在这一时期，宗教神学与科学艺术可以说是并立且互相包含、不冲突的。因此我们也就不难理解为何在当时，进化思想可以为宗教所认同，甚至成为宗教用来解释世界的一个重要部分。然而，当时的进化思想尚属于起源阶段。

到了 17 世纪，科学逐渐从博物学和哲学中独立出来，进化思想也有了长足的发展。在这一时期，英国的博物学家约翰·雷（John Ray）将物种的概念应用在了动物和植物种类上，而现代生物分类学之父卡尔·冯·林奈（Carl von Linné）在 18 世纪更是继承了约翰·雷的思想，提出了较为科学的生物分类方法，将生物进行了系统的划分，直到

第三讲 演化不息、创新不息：生命科学中的战略性思维

现在，林奈提出的双名法①仍被学术界沿用。得益于约翰·雷和卡尔·冯·林奈，当时人类社会对自然的认识得到了深化，进化和生态学相关思想也得到了进一步发展——相关内容可参照《自然的经济体系：生态思想史》(*Nature's Economy：A History of Ecological Ideas*) 一书中的详细介绍。然而囿于当时的学科发展水平和社会背景，约翰·雷和卡尔·冯·林奈仍然认为物种是不会变化的，是由上帝设计的。直到18世纪中期，随着博物学相关的证据不断积累，开始出现了"物种会随时间改变"的思想，这对当时的"物种不变论"造成了很大的冲击。随着博物学和早期科学的日渐成熟，该时期的进化思想进入了发展阶段。

到了19世纪，法国人拉马克（Jean-Baptiste Lamarck）提出了第一个系统的进化机制。具体来说，他的进化机制的主要观点是，生命体的特征，或称性状的演化模式是"用进废退"，即一个个体的某一些性状会随着生物后天的使用而进化或"退化"。一个较为形象的例子是食蚁兽和鼹鼠的性状——拉马克认为，食蚁兽的嘴巴之所以细长，是长期舔食蚂蚁的结果（"用进"）；而鼹鼠长期生活在地下，眼睛使用频率急剧下降，久而久之眼睛就退化了（"废退"）。这些通过后天使用而获得的性状可以遗传给后代，这个过程被称为"获得性遗传"。对生物有一定了解的读者可能知晓，拉马克的理论是一种"被淘汰"的理论，但他的理论仍有一些可取之处。随着现代生物学对进化现象的研究不断深入，特别是表观遗传学领域的兴起，拉马克的"用进废退"理论与部分表观遗传学证据出现了某种一致性。例如，我国学者在《自然》(*Nature*) 期刊撰文，发现小鼠妊娠糖尿病可能通过表观遗传机制引起子代成年糖

---

① 双名法，即一个物种的拉丁名包含属名、种加词，其后还常常附上命名人的姓氏，例如大熊猫的拉丁学名为 *Ailuropoda melanoleuca* David。其中，*Ailuropoda* 是大熊猫的属名；*melanoleuca* 是种加词，表示黑白相间的意思；David 是命名人的姓氏。

尿病①。当然，拉马克的时代没有表观遗传学或者分子生物学的研究，这是拉马克理论和现代分子生物学证据的一种巧合性的吻合。但是拉马克的理论真正承认了生物是由进化而来的，动摇了当时"神创论"的主宰地位，为后来达尔文进化论的出现做了很大的铺垫。

19世纪中期，随着《物种起源》一书的出版，达尔文进化论问世了。他的理论核心可以概括为四点，即遗传变异、过度繁殖、生存斗争、适者生存。达尔文认为生物普遍存在变异，且其中一些变异是可遗传的；同时，生物有着繁殖过剩的倾向，但由于食物与空间的限制及其他因素的影响，每种生物只有少数个体能够发育成熟和繁殖。达尔文还认为，在生存竞争中，对生存有利的变异个体被保留下来，而对生存不利的变异个体则被淘汰，这就是自然选择或适者生存，即适应是自然选择的结果。可以说，达尔文进化论是在生命科学史上第一次系统建立了历史唯物观点。达尔文曾说："完成工作的方法是爱惜每一分钟。"他的成功不是偶然的——他本人曾搭乘英国皇家军舰"小猎犬号"历时五年完成全球航行，并在途中进行了大量的野外观测、样本采集和解剖学比较等工作，以好奇心和勤奋浇筑完成了划时代鸿篇巨制《物种起源》。达尔文一生笔耕不辍，先后出版系列著作阐述其进化论思想，如《动物和植物在家养下的变异》《人类的由来及性选择》等（参见科学出版社《达尔文进化论全集》）。达尔文时代的进化论主要以分类学、解剖学、古生物学等证据为理论基础，出现了系统的进化机制，进化论思想逐渐走向了成熟。

时间来到20世纪，在这一时期，进化理论得到进一步的完善。其

---

① Chen et al. 2022. Maternal inheritance of glucose intolerance via oocyte TET3 insufficiency. Nature，605（7911）：761-766.

中有三个最具代表性的理论基础。第一个由三位科学家罗纳德·费希尔（Ronald A. Fisher）、休厄尔·赖特（Sewall G. Wright）和霍尔丹（J. B. S. Haldane）领衔，三人将统计学概念引入进化理论，奠定了群体遗传学这一学科的根基。群体遗传学从根本上将达尔文学说和基因突变理论、孟德尔定律三者在数学上统一起来，以不同尺度对进化现象进行了理论上的描述。第二个是詹姆斯·沃森（James D. Watson）和弗朗西斯·克里克（Francis Crick）二人发现的DNA双螺旋结构，揭示了遗传与变异的物理基础，奠定了分子生物学的学科根基。第三个是系统发生学（phylogenetics）的发展，为进化研究提供了可靠的框架，也就是以进化树为代表的系统发生分析方法。这些理论构成了现代综合进化论的基础，进化论得到了极大完善，可以用于解释从基因到物种的跨生物层级和范围的各种生物现象。此阶段可称为进化理论的完善阶段。

进化思想在经历了起源、发展、成熟和完善阶段后，已经逐渐成为学术界的主流思想，并不断被新的分子生物学、进化生物学和古生物学等证据所验证。在今天的生命科学研究中，进化思想无处不在。科学家们保留那些已被广泛验证的较可靠的进化理论，整理出了我们称之为"现代进化综论"的进化理论，用以指导生命科学研究。

（二）现代进化综论的主体内容

在如今的进化生物学，乃至一切的生物学及相关研究中，有关"进化"这一话题无处不在，且往往起着决定性作用。我们可以借用美国生物学家费奥多西·多布然斯基（Theodosius Dobzhansky）的一句话来总结进化理论的重要性："如果没有进化论，生物学的一切将无法理解。"在如今的生物学研究中，学术主流观点所认同的进化理论主要是将实验遗传学家、宏观生物学家、古生物学家的工作结合在一起，继承了以往进化论的历史并不断实践和发展，从而提出的现代进化综论。这一理论的主体内容大概有以下四点：一是自然选择影响物种在其生境中的表型，二是群体是进化的基本单位，三是遗传漂变的作用不可忽视，四是进化过程是渐进的，但性状可以是不连续的。我们接下来对其进行解释。

第一，自然选择影响物种在其生境中的表型，也就是说，自然选择直接作用的对象，一般情况下是表型而非基因型。比如鸟喙的大小就是自然选择所影响的对象，而经过选择过程以及种内或种间竞争后，鸟喙的大小在很多代的过程中慢慢产生了变化。这种变化往往是基因上的，是可遗传的，但是自然选择所作用的对象是表型上的，一般情况下，只有通过表型表现出来的差异，才能被自然选择所影响。

第二，群体是进化的基本单位。我们之前提到过，现代进化综论是建立在群体遗传学和统计学基础上的，其关注的对象往往是性状或基因频率或可能性，而不是单一个体出现的个别性状或基因，因此在现代综合进化论中，研究进化过程的基本单位是群体，即往往是以种群（population）为单位进行研究。

第三，遗传漂变的作用不可忽视。日本遗传学家木村资生在1968年提出的中性演化理论中，对遗传漂变的影响做了重点强调。这一理论的核心内容有两点。一是中性突变，中性突变理论认为，大多数的基因突变对于物种适合度是没有影响，或者影响非常微弱的。比如，有的基因虽然不同，但因为密码子表的简并性，编码得到的氨基酸是相同的，因此这一类型的基因突变对表型变异没有贡献，称为中性突变。二是遗传漂变，根据我们前面提到的种群遗传学的观点，繁殖过程可视作一种抽样，子代携带的等位基因即是对亲代抽取的一种样本。这一过程中就可能存在抽样误差，使得子代中的等位基因频率与亲代并不相等，尤其是在小种群中。遗传漂变可能改变某一等位基因的频率，甚至致其完全消失，进而降低种群的遗传多样性。一般情况下，种群的生物个体的数量越少，遗传漂变的效应就越强。中性进化理论一出现就引起了巨大的争议，因为其与达尔文进化论有一定的冲突。但需要指出的是，中性进化理论的应用对象主要是分子层面的遗传物质，而达尔文进化论是针对种群或是物种层面的现象。因此二者实际上是一种互补的关系。

第四，进化过程是渐进的，但性状可以是不连续的。在生存斗争中，适应相关的变异逐渐积累就会发展为显著的变异而导致新种的形成。因为自然选择只能通过累积轻微的、连续的、有益的变异而发生作用，所以不能产生巨大的或突然的变化，它只能通过短且慢的步骤发生作用。然而，地理隔离的出现和短时间内发生的灭绝现象，例如小行星撞击事件、火山喷发事件等，都可以造成性状上的不连续现象。

（三）进化理论的主要应用

经过前两部分的介绍，我们可以大致用一句话总结进化的本质，即"进化是种群在自然选择的作用下，物种的特征产生代际变化的过程"。事实上，随着进化理论的不断延伸，这一描述也在不断发生转变，所涵盖的范围也不断扩大。在此基础上，进化论可以成为人类有力的工具。

我们从生物进化的实例说起，其中与我们生活最相关的莫过于人工驯化。生物产生变异的速率大体是恒定的，但生物所面临的选择压力是不同的。在自然环境中，环境变化的随机性较大，环境压力的变化比较缓慢，生物的进化过程往往也是相对缓慢而随机的；当我们出于改善人类生活的目的，人为地构建某些环境，针对生物某些特定性状进行选择（比如不断选择果实更大的个体来繁育下一代），那么在这种被称为人工选择或人工驯化的过程中，生物所面临的选择压力相对较大，在短期内

战略性思维：竞争、合作与全局意识

会迅速朝一个特定的方向进化。自然选择和人工驯化条件下产生的生物进化过程迥然不同，前者恰似山中远足，后者好比百米冲刺。例如，人类的忠实朋友——犬类就是人工驯化的一个成功案例，在仅仅约 200 年的时间内，犬类就从生性凶猛、形似灰狼的猛兽，变成了今天人见人爱、生性相对温顺的宠物，并且品种间的形态变化非常丰富。

进化思想除了在生物个体、群体和物种及以上类群的应用以外，也不断地被其他领域所借鉴和接受。例如，癌症生物学家将细胞系作为进化论的研究对象，通过传代培养和定向选择，研究癌细胞的进化过程，揭示癌细胞的增殖和转移机制，并根据它们的进化特征设计特殊的进化"陷阱"，设法让癌细胞转移至一个特定的组织里，方便后续靶向药物的高效施用。

当然，进化思想也可以被应用到非有机体上面。比如，深度学习算法通过对训练集样本的不断学习，迭代对各种参数权重的设置，并通过验证数据集进行矫正，从而实现对参数权重设置的选择和优化，进而实现算法的"进化"。科学家还把上述过程可视化，来研究算法结构对算法迭代效率的影响。另外，进化生物学理论还可以迁移到人文和艺术研究方面，例如，数据科学家借用进化生物学的研究工具——系统发育树来对流行音乐开展进化分析，以探究不同音乐类型的起源，以及量化和比较不同音乐类型之间的差异程度。类似的研究也见诸语言学领域，同样是研究不同语言或者不同方言的起源与相互关系等等。如在研究人类文化演进领域，进化论的应用促进了新学科——文化演化（cultural evolution）的诞生，该交叉学科中常常应用进化论的模型来研究人类文化多样性的起源与演变，产生了许多令人振奋的进展。总之，世界各地的学者不断尝试将进化论推广到不同领域，进化论的边界不断拓展。

第三讲　演化不息、创新不怠：生命科学中的战略性思维

三、生命科学进化中的战略性思维：生态位、合作与竞争、创新

（一）生态位带来的启发与案例

进化的结果往往是每个物种都不同程度地对环境产生了适应，占据了独特的生态位。生态位是一个物种所处的环境以及其本身生活习性的总称。每个物种都占据独特的生态位，从而减少与其他物种在资源利用上的竞争。生态位包括该物种觅食的地点、食物的种类和大小、昼夜节律、物候等。没有两个物种可以长时间地拥有完全一样的生态位。例如，食虫鸟类和食虫蝙蝠都以昆虫为主要食物来源，然而多数鸟类在白天进食，而多数蝙蝠在傍晚和夜晚进食，二者虽然有相似的食物来源和运动方式（飞行），但是为了避免高强度的竞争，它们在捕食的时间上产生了分化，占据了不同的生态位。在漫长的进化历史中，生态位的分化促进了生态系统中生产者、消费者和分解者的生态功能分化，并进一步促进了消费者分化为不同的等级（如食肉动物和食草动物的分化等），产生了丰富的物种多样性。

随着人类社会的不断发展和人口数量的持续膨胀，人类对空间和生态资源的需求在不断增加——可以说，人类对其他物种的生态位挤占和掠夺是空前的。而生态位的丧失，会导致大量物种的种群规模收缩甚至灭绝，从而影响生态网络的底层结构，增加生态系统的不稳定性，降低生态系统的鲁棒性[①]，削弱生态系统的服务功能，最后危害人类自身。

[①] 指系统在扰动或不确定的情况下仍能保持它们的特征行为。

战略性思维：竞争、合作与全局意识

生态位的思想还可以推及个人发展。在人类社会中，每个人也有自己的"生态位"。"君子不器"虽是个人发展的最高理想，然而从客观角度讲，在社会生活中每个人都有其价值和意义，存在特定的（非机械意义上的）功能和时空的特定位置。例如，一个新员工入职一家公司或加入一个团队，其在团队中往往有其需要负责的任务和为之投入时间和精力的目标。这个员工对团队做出的哪些贡献是独特的，对团队来说哪些方面是这个员工所擅长的，往往是团队对此员工做出评价的重要标准。如果可以找准自己在团队中（社会中）的定位，那么就可以更好地发挥自己的能力和特长。反之，则可能导致人力资源浪费、效率低下等问题。同样地，一个产品在推出之前要进行市场调研（包括竞品的调查），一个品牌要有自己独特的定位和宣传标语，一家公司要熟悉自己的竞争对手和消费者群体，从而找准优势，开展差异化竞争，以最大程度提高成功概率。由此可见，对于任何一个个人或团体，吃透生态位的重要性并及时地找准自己的生态位，对其成长和发展是非常必要的。

（二）种间/种内关系带来的启发与案例

自然界的物种并不是孤立存在的，而是存在于群落、生态系统中，因此便存在各种各样的种间关系。其中，较为常见的一类种间关系叫作"互利共生"，通俗一点说，我们可以用"合作共赢"来形容这种关系。例如，无花果和榕小蜂是典型的互利共生关系。无花果的囊状、隐生的花序中，存在两种类型的雌花，一种是可以正常产生种子的雌花，另一种是专门为小蜂产卵而生的瘿花。小蜂在瘿花上产卵，卵孵化产生新一代的小蜂；无花果的雄花位于花序出口，小蜂钻出无花果花序时沾染、携带了大量花粉；之后小蜂寻找下一个无花果花序并钻入其中安家，帮助无花果完成传粉过程并进行其新一轮的繁衍。在该体系中，无花果为

第三讲　演化不息、创新不息：生命科学中的战略性思维

榕小蜂提供生存、繁衍所需要的场所和资源，而榕小蜂则为无花果提供传粉服务、帮助其完成生殖过程。在最极端的情况下，互利共生可以导致两个物种的高度一体化。例如，动物拥有两套基因组——核基因组和线粒体基因组，对应动物细胞中的两个组分——细胞核和线粒体。起初，动物祖先（真核生物祖先）的细胞中并不存在线粒体，主流的学术观点（内共生学说）认为，线粒体的祖先由于偶然因素进入真核生物祖先细胞中，并得以生存和代代相传，随后在漫长的历史中进化形成了现存的、包含线粒体的真核生物细胞结构。一方面，线粒体对动物非常重要，如果没有线粒体，动物细胞的代谢效率将会非常低下，因而无法支撑现存动物纷繁复杂且多种多样的生命过程。另一方面，动物（真核生物）细胞为线粒体提供了生存环境、资源和保护，可以说线粒体（的祖先）和动物（的祖先）细胞是互利共生最高级的存在形式之一。

在一个生态系统中，存在一个多尺度的生态网络，这种生态网络包括种间和种内的相互作用。在自然界中，同一个种群的个体之间会通过种内相互作用来保证群体的适合度。为了增加群体适合度，部分个体会做出一定牺牲，在特定时间、空间承担更大风险。例如，鸟类成群飞行是一个很好的预防捕食的策略，鸟群在运动的过程中，位于边缘的个体总是一小部分，而大部分都是在这个群体内部，当鸟群遭遇捕食者的时候，其整体的平均风险会下降，鸟类通过集群行为来保证一个种群的群体适合度，这种行为是进化的结果。

以上所述的互利共生和群体适合度的例子中，生物个体/群体之间产生了合作，通过合作提高了生存和繁衍的概率。这样的合作意识在社会生活中有着广泛的应用。例如，中国曾一度被称为"世界工厂"，拥有着最完整的产业供应链和高效的物流，这种生产资源的集中效应本身就是互利共生所产生的结果。产业链中不同的企业通过合作增强了彼此

生存和盈利的能力，提高了企业群的群体适合度，降低了生产成本，同时也带动了我国的经济发展和进出口贸易。

为了避免竞争，有时候动物也会利用不同的资源，比如夏威夷的鸟类有很多种喙的形状，这是由不同鸟类的不同取食习惯决定的。由于喙的形状不同，不同鸟类所占据的生态位就有所区别。在这种情况下，即使整体的食物资源有限，竞争的强度却非常低。鸟类为了避免这种饥饿的碰撞造成的"双输"局面，产生了生态位的分化和差异化。差异化竞争也是我们当今人类社会整个商业运作的一个比较重要的策略。我们可以从一些身边熟悉的企业之间的竞争和主攻方向分异来找到很多这样的例子。在众多汽车制造商中，一提起跑车，大家往往会想到法拉利、保时捷、兰博基尼等，而路虎、丰田、三菱等品牌以越野车见长，大众、本田、奥迪等品牌则是将设计和生产重心向家用轿车偏移。不同的汽车公司针对不同的市场需求精准地设计、生产和销售各自的商品，形成了差异化竞争的局面，从而保持了汽车市场的多样性和活力。

（三）创新带来的启发与案例

创新对于进化来说非常重要，生物在进化过程中产生新的突变就可以被看作是一种创新，而根据进化理论，突变可以被看作是进化的根本动力。另外，某些生物在进化过程中往往会对无机自然环境进行改造，从而创造出新的生态位，这也可以被看作是一种创新过程。例如，地衣可以加快裸岩的风化过程，从而使岩石表层变成土壤，适合植物的生长，为植物创造出新的生态位。可以说，在进化的过程中，创新无处不在，其中最典型的例子莫过于水生脊椎动物的登陆。在水生脊椎动物向陆生脊椎动物转变的过程中，需要大量的性状的变异，比如可以在陆地进行呼吸的肺、可以保暖的毛发等等。登陆极大地拓展了脊椎动物的生

第三讲　演化不息、创新不怠：生命科学中的战略性思维

存空间。

　　在社会生活中，一家公司通过某项新技术开辟一个新的领域，拓展了市场的边界，我们通常会把这种被新开发的市场/领域叫作"蓝海"。事实上，这种现象与自然界中的现象不乏相似之处。一个物种可以通过某些特定的基因突变产生新的性状，进而改变进化的游戏规则——例如从水生到陆生、从爬行到飞行等等。而这样的创新过程并不是一蹴而就的，其往往是在百万、千万年的进化过程中积累了大量的突变，改变了无数性状后才最终成功的。可以说，在生物进化过程中的"创新"就是生物在突变集合之中选择更适合环境和适合生存/繁衍的一些变异保存下来，通过日积月累终于完成的一个从量变到质变的过程。社会生活中的创新也有着相似的规律，一项技术的突破或是范式的转变，一定离不开长时间的知识和经验积累。而一项创新的完成往往是在竞争过程中发生的。创新塑造新的竞争者的同时，往往也伴随着旧的竞争者的落幕。例如曾经的相机巨头柯达公司，在面对索尼、佳能等数码摄影品牌的发展和手机摄影的异军突起时显得竞争无力，最终于2012年宣布破产。

　　进化思想的发展过程是漫长的，而其产生的广泛影响和成果必将成为人类历史中不朽的一页。除了解释自然界之外，进化思想还可以被应用于我们的日常生活和社会实践当中。进化论可以给我们的启示包括但不限于以下方面：第一，进化带来了丰富的多样性，可以帮助我们理解人与人之间、社会团体之间、公司企业之间等不同领域、不同尺度的多样性现状。让我们以更高的视角、更包容的心态去对待这种不同，求同存异地发挥和发展我们个人的特点和能力，达成更高的成就。第二，进化论在选择与适应方面提出了很好的理论支持，可以预见的是，在社会生活中同样存在选择压力，例如升学、就业等等，而从哪个方面、在何

种程度上提高我们在学习、工作、生活中的适应性，是进化论为我们提供的重要启示之一。第三，我们可以从进化论中了解群体的重要性，以及漂变的存在和重要影响——在日常生活中，任何人都不是一座孤岛，而是置身于群体之中，有着多重的身份（子女、伴侣、同学、同事、同志、合作伙伴、师生等等），发挥着不同作用；个体既是群体的一部分，群体的变化也影响着个体发展。而群体的变化往往是随机的，漂变也在人类群体中发挥着作用，某一种想法或价值观的流行可能是必然，也可能仅仅是漂变影响下的偶然。这对我们提出了更高的要求，如何去丰富自己的内心、去选择适合自己的价值观，不盲目跟随大多数人的观点，提高对各种看法、话语、观点的思辨能力，形成自己的成熟的价值观，不被漂变过程所淹没，是值得我们深思的。最后，亿万年的演化历史告诉我们，世界唯一不变的就是其在不断变化，如何"准确识变、科学应变、积极求变"，可能是每个人终其一生都需要思考和实践的命题。

拓展阅读书目

1. 达尔文：《物种起源》，周建人、叶笃庄、方宗熙译，商务印书馆 1995 年版。

2. R. 道金斯：《自私的基因》，卢允中、张岱云译，沈善炯校，科学出版社 1981 年版。

3. Kate Distin. Cultural Evolution. Cambridge University Press，2010.

4. Douglas Futuyma，Mark Kirkpatrick. Evolution（4th）. Sinauer Associates Press，2017.

5. Manuel Molles，Anna Sher. Ecology：Concepts and Applications（8th）. McGraw-Hill Education Press，2018.

第四讲　天生我材必有用：生涯规划中的战略性思维

谢晋宇

课程视频

谢晋宇老师

第四讲　天生我材必有用：生涯规划中的战略性思维

题记：

如果我们尝试定义一个人的本质，这一本质可以从自身出发进行言说。

——米歇尔·福柯

如何运用战略性思维进行生涯规划呢？我们可以从以下五个方面来展开。第一，思考将自我放在什么样的位置。第二，在一个成长的过程当中来看待生涯，主要是指脱离父母和社会的控制与规定。第三，定位方向并解决动力问题。这当中最重要的是方向的确定，即确定我们真正想要什么。第四，在生涯发展中依靠什么来获得我们想要得到的，或者说在和其他人的竞争中如何脱颖而出。第五，在时间的框架当中来看待生涯。

一、生涯规划的根本任务

生涯（career）这个词是从通俗拉丁语中的马车道路（cararia）引申出来的。生涯理论里面充满了各种各样的隐喻。马车就是对生涯的一个最重要的隐喻。

我们在路上会有停顿会有休息，会有重新的启动；在车上我们又会遇到完全不同的同路人。在车行进的过程当中，我们也会欣赏到完全不同的风景，当然，车也有它要到达的目的地，还有方向系统和动力系统。所以用这个词来隐喻生涯是再恰当不过的。那么，走在这样一条生命的道路上面，我们最需要解决的问题是什么？哲学家给了我们答案。在哲学家关于生命的思考当中，最有名的一句话是苏格拉底所提出的：

战略性思维：竞争、合作与全局意识

"人啊，认识你自己。"认识自我就是要让我们的规划以我们自己为尺度，为我们自己设计，而不是为别人。

丹麦的哲学家克尔凯郭尔说："只有当自我真正独立，它才能够实现有限性和无限性、可能性和必然性的辩证统一，这个时候他也才能够与绝对同在成为一个真正的个人。"这样一个思想讲的是我们要真正独立，就要科学地解决认识自我的问题。

首先我们要做到的是在成长的过程当中完成脱离父母和社会的控制与规训。从职业生涯中看战略性思维，第一个问题就是长大的问题，因为在出生的时候，我们必须依恋一个家庭，依恋我们的父亲或者母亲。父母会怎样养育我们，我们会得到一个什么样的教养等等，都蕴含着我们个体生涯的早期密码。整个成长过程就是一个独立的过程——既要在经济上独立，也要在心理上独立，只有完成了这两种独立，我们才真正成为"个体"。

在这个过程当中，最重要的心理任务是什么？是要从自卑或者自负走向自信。可以引导我们思考的是精神分析学家阿尔弗雷德·阿德勒（Alfred Adler）的《自卑与超越》。在自卑与超越的过程当中，我们能够走向自信。因为在阿德勒看来，每个人都是自卑的，自卑可以来源于很多方面，如长相、性别、家庭等等。

我们拿家庭来举例，比如说出生在一个贫寒的家庭，和出生在一个优渥的家庭是不一样的。贫寒家庭的孩子可能更容易自卑，而优渥家庭的孩子可能更容易自负，这两者都是自信的敌人，都会造成他们在生涯当中完成不了独立的任务，因此也就无法真正走向自信。

阿德勒讲到，我们一生都要去完成的一个任务就是从自卑或者自负走向自信，而在这个过程当中，最主要的任务就是要脱离父母和社会的控制与规训。从自卑或者自负走向自信的过程就是"认识你自己"的过程，也是我们每个人心理成长必须亲身实践走完的路程。

认识自我和建立自信是同一件事情的两个方面。认识自我是为了自我认同，自我认同才能产生自信。而要做到这一点，一定要回到自己的成长史里，回到自己的童年，这是我们解放自己的很重要的一步。许多人的传记都证明了一个人的整个成长史都是由冲突构成的，既有和父母的冲突，也有和社会规训之间的冲突。这样一个冲突史就是我们的成长史，我们不得不去化解这种种冲突。只有当这个任务完成以后，我们才能成为一个个了解自我的个体。

在生涯的初期，依赖他人（尤其是家长和老师）是很正常的。因为我们那个时候还没有任何工作经验。这在生涯里是一个个体被社会化的过程。社会在生涯方面对于个体的规训，有两种可能性，一种是正确的规训，一种是有违个体特质的错误规训。对于后面一种规训，个体就需要完成反思。写作自传是十分有价值的反思方法。反思会形成一种成果，即"逆社会化"，这是个体走向自我认同，走向自信的必然。个体对生涯的反思将是一个反反复复、迂回前进、螺旋上升的思维过程。在反思后，我们会再次形成反思，即对反思的反思，在生涯的自我认同过程中，这被称为"自反"。自反是一个生涯思考的结果。在自反的基础上还会有进一步的"自反"。这样反反复复"自反"的结果就是生涯的"个体化"，完成生涯"个体化"的人，就克服了自卑（或者自负），进而完成了自信的建立。

二、窥视生涯的方向和动力

马车是生涯里面的一个很重要的隐喻，但是我觉得更重要的或者一

战略性思维：竞争、合作与全局意识

个更好的隐喻是轮船。因为一条在大海上航行的轮船，能够更形象地告诉我们生涯当中两个很重要的问题，一个是方向问题，一个是动力问题。不像在陆地上的车，基本上还可以遵循一个道路前进，在大海上航行的船，更加无方向感，基本上是无路可寻。无路可寻，更像我们在生涯之海遭遇的情形。在大海上航行，方向的问题是由方向盘来把控的，动力的问题是由船的发动机来解决的。

在两个问题当中更重要的是定位方向。我们要将自己这条生命之船开往何处？我们要达到一个什么目的地？我们想在生涯之航行里看见什么风景？我们想和谁一起同行？方向的问题，也就是说朝哪个方向进发的问题，就是我们目的地要选择在什么地方，这个方向的问题在生涯里面最终是由价值观来确定的。"价值观"即我们看重的东西，看重的事情。生活的许多方面都会体现价值观的问题，比如说婚姻、政治、宗教都要解决价值观问题，都要寻找我们看重的那个东西。

在生涯领域，我们可以列举的价值观的选项大概就有这样二三十个之多。这些选择里既有每个人基本上都会十分看重的东西，如"权力与影响""金钱与物质财富""自由"等，也有一些可能是个体才看重的东西，如"闲暇""帮助他人"等。每一项都极具诱惑力，都会对我们产生强烈的吸引。而在这么多的吸引当中，我们最后只能在其中选择2~3个自己最看重的东西，这既是因为生命有限，也是因为通过看重的东西，我们也能够"曲线"地达成"权力与影响"和"金钱与物质财富"等目的。我们可以看到法国文学家加缪对于价值观的讨论，他认为人是怀着几个熟悉的价值观的，主要是两个到三个左右的价值观。因为我们生命有限，我们只能去追求两三个我们看重的东西。

在动力方面，我们可以看到两种完全不同的情况。一种就是在方向确定以后的动力问题，这个时候人的动力是很充足的，因为你知道要朝什么方向去行进；还有一种是没有方向时的动力问题，这个时候人经常会困顿倦怠，甚至躺平。所以，方向在生涯当中起着决定性的作用。解决了方向问题，也就是说我要什么的问题，下一个问题就是我作为一个个体如何在竞争当中出彩，或者说我们靠什么去和别人竞争，我们依赖什么去拿到我们想要的东西。

三、如何制定生涯规划？

（一）努力找到自己的"竞争优势"

对于个人如何与他人竞争这个生涯的战略问题，我们的答案是，要找到我们的比较竞争优势，这是生涯战略的核心。所谓比较竞争优势，就是在特定的领域、特定的职务里，你总是有别人比不过你的地方，而这样的地方每个人身上都具备，也就是说比较竞争优势是每个人都具备的一个特性，都可以得到的一种优势。为什么这样说？是因为职务世界的多样性需要多种多样的人，用一句俗话来形容，职务世界里面的职务总有一款适合你。

我们之所以产生这样的一个结论，是由于职务世界是极其庞大的一个体系，对职务世界进行比较初级的分类显示，职务世界包含的职务的数量可以达到 3 万到 4 万之多。这么多的职务意味着每一个职务都有一个金字塔结构的存在，或者说任何一个职务都有自己的顶峰，这些顶峰也就给了在职务世界里追求成功的人一个十分宽广的舞台。每个山峰都隐含着个体自己可以获得成就的道路，也就是有 3 万到 4 万个职务的高峰可供我们去攀登，这里面就隐含了生涯成就的一个广泛的基础。

这就意味着在生涯的道路里，每一条道路都等待着我们去发挥所长，每一个人身上具备的特质，都是在相应的职务上获得成就的基础。很多的职务可能貌似不起眼，如清洁工、厨师等等。清洁工是人们眼里标准的"脏活、累活"（Dirty Jobs），但是却有一个华人在以注重细节、以匠人精神闻名世界的日本，成为国宝级人物，他就是郭春艳。厨师也是社会声誉并不很高的职务，而一个叫小野二郎的人，却将一家只有十个座位的"数寄屋桥次郎"寿司店开成了日本饮食文化的现象级的店。

人的多样性决定了人可以和不同的职务之间发生很奇妙的匹配关系。比如，拳击领域很有成就的邹市明先生，他身上具备什么样的特质呢？在小时候他发现自己在跟小朋友打架以后，痛感是很迟钝的，而这样一个特质就是我们所说的天赋，他就利用了这样一个痛感迟钝的优势，成了拳击领域爬到顶峰的人。

在这里面其实包含了一个命题，即一个人要对自己和对别人有包容性。比如性别，它的多样性绝对远远大于我们平时所认知的多样性，我们一般人只认知到了男性、女性，但是实际上还有很多其他的，如LGBTs人群。每一种社会性别的多样性背后，都有职务和生涯的匹配这样一个通路在里面。比如说我们在设计领域可以看到很多同性恋者的身影。这里只是举了其中一个性别多样性的适应问题，推而广之，无论是对个体，对家庭，对社会，还是对性别里面的少数人群，我们要有多样性包容的心态，包容他们的多样性。这样，我们的职务世界才会是丰富多彩的，从事不同职务的人才是幸福快乐的，这和社会规训的开发之间是相关的。我们要突破这样的社会规训对我们的约束，从而走向对多样性的认可。

（二）挖掘天赋，寻找兴趣和爱好

我们在整个生涯道路上，有两条路径可以去获取我们想要的东西。

第四讲 天生我材必有用：生涯规划中的战略性思维

一条就是去挖掘我们的天赋，另一条就是寻找我们的兴趣和爱好。这两条路径都是在职务的多样性和人的多样性的基础上生发出来的。

天赋是更特别的一个道路，具有天赋的人在我们的人群当中所占的比重和数量都不高，那谁能够发现自己的天赋呢？是自己还是父母？是老师，还是专家朋友？这都有可能，但是最重要的还是我们自己去主动发现，比如说我们刚才谈到的邹市明先生的没有痛感这种天赋就是他自己发现的，这种天赋是生理上的。当然，他除了不怕痛这样一个特质以外，还需要在拳击这个事情上面有其他的长处，比如说肌肉的爆发力等等。有一些特质是比较容易发现的，而有一些特质是比较隐含的。

在我们熟悉的一个童话故事当中，隐含着发现天赋秘密的钥匙，这个童话就是爱丽丝漫游仙境。这个童话里面有一只兔子，它很擅长在一片漆黑的洞穴里去找寻道路，它靠的是什么呢？靠的是它嘴上的触须，兔子的触须对振动和能量特别敏感，能够发出类似电波的东西，靠着这样的电波，它就能探寻到前面什么地方是可以走通的路。

因此我们要依靠自己或者专家的帮助，去找到这样的敏感性，而达成对我们自己方向的探索。在艺术领域很多有成就的人，他们讲的一些话正好和爱丽丝漫游仙境里面的兔子所隐喻的形象是一致的。比如苏联的电影导演塔可夫斯基（他自己当然也是发现自我天赋的一个典型）讲过一句话："要以一种直觉或者隐隐闪现的关联性去替代逻辑。"这说明了生涯探索非理性的一面，因为很难用逻辑去说明里面的关系。这里依靠的是一种感性或者靠直觉能够隐隐感觉到的一种关联。我们可以发现，有天赋的人具备一个共同点，就是他们有爱丽丝漫游仙境里的兔子那样的敏感和直觉，他们很小就能够发现自己具有这样的天赋。

以苏联的文学家帕斯捷尔纳克为例，他在 6 岁的时候就发现了自己缺乏绝对听力，因而放弃了在音乐领域的生涯道路。而无论是他母亲

战略性思维：竞争、合作与全局意识

（他母亲是一个很棒的钢琴家），还是他家族音乐领域的朋友（如当时最有名的作曲家斯克里亚宾），都肯定他在音乐领域一定可以有所作为，但是他自己却坚决放弃了这条路。他自己给自己确定的第二条路是成为哲学家。后来在他去德国马尔堡大学学习哲学的过程当中，一次失恋事件让他发现了自己在语言上表达情绪的天赋——他可以作出很美的诗歌。这样大概在十七八岁的时候他就很坚决地转向了诗歌这个领域，最后获得诺贝尔文学奖。在寻找天赋的道路上，有天赋的人一般都会有比较好的直觉性。

我们借用塔可夫斯基的一句话：一旦我们认识到了自己在某个领域有天赋，如果我们一生不尊重我们的天赋，……那就是过着一种不负责任的生活。具有天赋的人应该具备一种使命感，他要把自己身上具有的才华充分发挥出来，这样他一生才会有实现感和成就感。马克斯·韦伯在《新教伦理与资本主义精神》里提到，人应该遵循自己所听见的上帝的声音（呼唤，一个宗教概念，但是被韦伯做了世俗化的应用），循着这个声音去实践自己的天赋。他认为，如果每个人都能够发挥好自己的天赋，社会一定是富裕的，作为个体的人，也会因为践行了自己的天赋，获得进入"天堂"的可能性。

可惜具备天赋的人是极少数，没有天赋的人是绝大多数，那他们就没有生涯了吗？不是这样的，没有天赋的人，他所有的是兴趣和爱好。关于兴趣爱好，前面所述的日本寿司之神小野二郎即是一个典型，他已经成为日本饮食文化的一个象征。他发现自己的兴趣是做寿司，而他对做寿司的投入源自他对美食的爱好。他也许去做拉面，去做其他的食物也会有同样的成就，所以这是一个建立爱好和兴趣的过程。

他在成为寿司之神的过程中有一些细节值得我们回顾。比如说他发现八爪鱼这个寻常的寿司食材，如果没有做过很好的处理，嚼起来就会像橡胶轮胎一样，他用极大的耐心去给八爪鱼做按摩，通过这样的一个按摩过程，使这种食材的肌肉得到极大的松懈，所以经他的手按摩过的鱼咬起来很松软，绝对没有嚼起来如橡胶轮胎似的感觉，这只是一个很简单的例子。

跟我们所说的珍惜自己的天赋一样，走兴趣和爱好这条路的人是绝大多数，他们也有一个共同的特点，就是他们会珍惜自己的兴趣和爱好，使这样的兴趣爱好伴随自己一辈子，小野二郎先生98岁时还在寿司店工作，而他自己也成为这个领域了不起的人物。

第二条路的普遍性和重要性更大，因为绝大多数的人尽管并不具备天赋，但是可以去找到兴趣和爱好。郭春艳甚至将打扫卫生这样的"脏活、累活"也发展成了兴趣，而后发展成为爱好。她自己发明清洁工具，能够清理别人看不见的地方（如卫生间烘手机的排水口）。在成田机场这样一个地域范围内可以看到各种各样的污迹，但没有任何人类生活留下的污渍是她消灭不了的。就是这样一个很不起眼的职务，郭春艳把它发展成了自己的兴趣爱好，也成为国宝级人物。

四、让我们在生命框架内思考生涯规划吧！

在时间的框架内来看生涯，实际上也就是在生命的框架之内来看生涯这件事情。这里有两个很重要的问题要解决。第一，一生不同的年龄段，我们的任务是不同的。第二，整体的生命是一个有限的框架，是有一个跨度的，任何人都不可能无限生存在这个世界中。所以我们需要思考，在有限的生命当中，如何去实现我们的生涯目标。

而在这样的发展过程当中，每一个小的阶段都会经历法国哲学家蒙

战略性思维：竞争、合作与全局意识

田所说的自我螺旋阶梯。我们做一个决定，然后开始行动，在这个过程当中，刚开始的时候会面临一些新的挑战，比如说一项新的学习任务或者一份新的工作，一段新的婚姻生活，我们都会有不适应感，慢慢地我们会螺旋式上升，因为积累了经验，避免了错误，增长了见识，从而做事情更具备自我效能感。我们每个人在做不同的事情，完成不同的生命任务的时候，都会经历这样的螺旋。

另外一个很重要的可以供我们参考的思维框架，就是爱利克·埃里克森（Erik Erikson）的心理发展阶段论。他把我们的一生划分为 8 个阶段，这 8 个阶段都有自己特定的任务，完成了这样的任务，就能够有一个完全不同的生命体验。如果这些任务在中间没有得到解决，我们就可能出现很负面的感受。

比如说 1.5 岁之前，我们要解决的是信任成长的环境，也就是信任养育我们的人，父母或者是祖父母，或者是其他的亲戚。如果没有建立起的信任感，我们就会有不安全感，会产生焦虑。而如果这个阶段的任务没有完成，它就会累积到下一个阶段。心理发展阶段论正好可以和阿德勒的《自卑与超越》里面讲的事情结合起来。

在整个生命的发展阶段当中，我们不可能把所有的问题都解决得很好，但是我们会越来越强大，会像蒙田的自我螺旋阶梯一样，慢慢找到自己的方向，找到去实现自己愿望的路径。这样一个过程也就变成在特定的年龄段，努力去解决我们过去没有解决的问题，使所有前面积累下来的这些病症都得到诊断和治疗。这样一个疗愈的过程，也是一个逐渐超越自卑、获得自信的过程。

如果我们能走到这样的道路上，到埃里克森心理发展阶段论的最后，就会获得对自己一生满意的完善感。当然很多的人得不到这样的结果，所以在生命的终结的时候，他仍然会感到自己无用，没有价值，整

第四讲　天生我材必有用：生涯规划中的战略性思维

个一生没有实现感。

艺术家黎朗的作品《30219》就是在讲述这样一个生命跨度的问题。30219 是黎朗先生的父亲活在世界上的天数。第一次看到这个数字的时候有一种受冲击的感觉。假设一个人活到 90 岁，会感觉很漫长，但是当我们把单位变成天数的时候，我们得到的感觉是完全不一样的。实际上人活在这个世界上也就 3 万多天。这组摄影作品是黎朗先生在他父亲去世以后，收集的他父亲生活当中，尤其是接近死亡的这一段时间的各种照片，比如说他的第一张人生的照片。他的最后一张照片是一个表，显示他父亲离开时的时间，黎朗先生把时间固定在这儿，也就是他的心脏停止跳动的时刻。黎朗先生还手写了父亲在世的每一天，左上角开始写父亲生日的第一天，按照日期这样一直写，排到最后是 30219 天，最后右下角的这一天就是父亲离开人世的日子。

这样一个艺术作品给我们的感觉就是我们的生命是在一个有限的框架内的，所以我们在不同的年龄段，要去完成不同阶段的任务。但是越到后面越接近老年的时候，我们对生命的有限感受越强烈。这个时候如果你有对自己天赋的认识，但还没有去实现，你就一定会产生很强烈的紧迫感。

如果你有自己的天赋，就不要浪费了。如果你没有天赋，就去发现你的兴趣爱好。如果你的兴趣爱好还没有融入你的生涯，没有变成你的一条道路，你就应该带着一种紧迫感去追求属于自己的生命价值。

拓展阅读书目

1. 阿尔弗雷德·阿德勒：《自卑与超越——个体心理研究》，石磊编译，中国商业出版社 2017 年版。

战略性思维：竞争、合作与全局意识

2. 马克斯·韦伯：《新教伦理与资本主义精神》，苏国勋、覃方明、赵立玮等译，社会科学文献出版社 2010 年版。

3. 哈里·F. 沃尔科特：《校长办公室的那个人：一项民族志研究》，杨海燕译，重庆大学出版社 2009 年版。

第五讲　战略制胜：管理学视野中的战略性思维

赵长轶

课程视频

赵长轶老师

第五讲　战略制胜：管理学视野中的战略性思维

题记：

战略的本质是你必须对你想要完成的事情设定限制。

——迈克尔·波特

腾讯的市场逆盘操作有许多值得借鉴的地方。受到新冠疫情和复杂国际形势的影响，2020年全球投融资市场相对冷淡和低迷，但这似乎并不影响腾讯的扩张热情，腾讯反而逆市开启了"扫货"模式。第一，腾讯之所以能够与全球市场行情相反"逆市"加速投资并购的步伐，底气当然来自庞大、充足的资金实力。虽然2020年上半年很多行业受到了新冠疫情的冲击，但是做线上业务的互联网公司却迎来了发展契机。第二，在全球市场正处于低利率（融资成本低）的大环境下，疫情导致全球经济不景气，各国政府都在降低央行利率以刺激经济复苏，宽松的市场流动性意味着较低的市场利率，此时正是那些市场认可度高的大公司低成本发债融资的好机会。第三，自2008年成立投资并购部以来，投资逐渐成为腾讯的核心战略与核心业务，投资并购的方向也发生了一些变化——一是更加关注产业互联网领域的布局，除了此前投入较大的游戏、文娱、电商等面向终端消费者的行业，腾讯还加大了对金融、企业服务等面向企业领域的投入，这与腾讯未来的战略方向有关；二是除了以VC（venture captial）身份投资创业公司和独角兽公司，腾讯还开始扩大和网罗"A股朋友圈"。[①]

腾讯的逆盘操作体现出了其对扩张战略的使用，主要包括并购战略、一体化战略。通过并购降低进入壁垒和发展风险，发挥协同效应，促进跨国发展和转型升级，实现快速扩张，加强市场控制力，获取关键技术和重要人才，追求代理成就，降低交易费用，发掘利用目标公司的

---

① 案例源自徐飞：《战略管理》（第五版），中国人民大学出版社2022年版。

潜在价值以及实现合理避税目标等。

腾讯的市场逆盘操作之所以能成功，与腾讯公司在实现企业管理过程中用到战略性思维息息相关，那么管理学中的战略性思维是什么？为什么在管理中需要具备战略性思维呢？

一、管理学视野中的战略性思维：发展脉络

管理学中的战略性思维体现了一种系统观、整体观、大局观、辩证观、运动观和义利观，是对世界发展形势的合理掌控和宏观把握，而随着历史长河的奔涌向前和世界发展大格局的动荡变化，战略性管理思维更需要与时俱进，谋求新的发展，对历史的回顾可更好厘清新形势下战略性管理思维的发展方向。于企业管理而言，战略性思维具有十分重要的作用。以下分别从战略管理理论的起源、近代经典管理理论和当代竞争战略理论简要回顾管理学中战略性思维的历史发展。

企业战略思想是随着管理理论的发展而形成的。经济学家切斯特·巴纳德（Chester Barnard）首次将战略作为理论加以研究，在1938年出版的《经理人员的职能》（*The Functions of the Executive*）一书中，他将战略理论从组织理论和管理理论中分离出来，运用"战略因素"构想分析企业组织的决策机制。他还强调企业组织决策必须考虑战略因素，强调企业组织与环境相适应，这种组织与环境相匹配的思想成为现代战略分析的基础。

学者艾尔弗雷德·钱德勒（Alfred Chandler）在1962年出版了《战略与结构：美国工商企业成长的若干篇章》（*Strategy and Structure: Chapters in the History of the Industrial Enterprise*）一书，掀起了研究企

业战略的浪潮。该书提出了企业发展的战略四阶段论——数量扩大战略、地区扩展战略、垂直一体化战略和多元化经营战略。这四个阶段环环相扣，带有强烈的可以科学推演的递进关系，被视为企业发展战略的普适性规律。该书还着重阐述了环境、战略和结构三者之间的关系，提出了"结构追随战略"的观点，认为企业经营战略应当适应环境、满足市场需求，组织结构又必须适应企业战略，随着战略的变化而变化。

在此基础上，战略研究形成了设计学派（design school）和计划学派（planning school）。这两大学派均注重对环境和市场的分析，把企业的经营活动视为在统一战略指导下相互关联的整体，从而提高了对企业战略问题的认识。设计学派的代表人物是哈佛商学院的肯尼思·安德鲁斯（Kenneth Andrews）教授，他于1971年出版了设计学派的经典著作《公司战略概念》（*Concept of Corporate Strategy*）。他认为战略形成的过程实际上就是企业内部条件与外部环境相匹配的过程，由此企业战略可分为战略制定和战略实施两个阶段。安德鲁斯的最大贡献是提出了制定战略的SWOT分析框架，即在制定战略的过程中，必须考虑企业自身的优势和劣势以及外部环境中存在的机会和威胁；要将企业的目标、经营活动和不确定的环境结合起来，充分利用外部环境提供的机会，同时避免不确定性带来的威胁，通过趋利避害，构建企业的竞争优势。计划学派的代表人物是哈佛商学院的伊戈尔·安索夫（Igor Ansoff）教授，他在1965年出版的《企业战略》（*Corporate Strategy*）一书中提出了战略构成的四个要素，即产品与市场范围、增长向量、竞争优势和协同效应。其中，协同效应和以此为基础发展起来的协同战略，成为企业兼并、收购以及建立战略联盟的理论源泉。1972年，安索夫又在论文《战略管理思想》（*Concept of General Management*）中正式提出"战略管理"的概念。1976年，安索夫在《从战略计划走向

战略性思维：竞争、合作与全局意识

战略管理》（*From Strategic Planning to Strategic Management*）一书中提出了"企业战略管理是动态过程"的观点。在 1979 年出版的《战略管理》（*Strategic Management*）和 1984 年出版的《战略管理精要》（*Implanting Strategic Management*）两本书中，安索夫不仅将战略的要素扩大为八个方面，即外部环境、战略预算、战略动力、管理能力、权力、权力结构、战略领导和战略行为，还进一步发展和完善了他提出的一套广为学术界、企业管理实务界所接受的战略管理理论、方法（methodology）、程序和范式（paradigm）。安索夫的这些著作被公认为战略管理的开山之作，他本人也被尊称为"战略管理鼻祖"和"一代宗师"。

20 世纪 80 年代初，以哈佛商学院迈克尔·波特教授为代表的竞争战略理论成为战略管理的主流理论。波特提出的行业竞争结构分析方法和模型得到战略管理学界的普遍认同，并且成为外部环境分析和战略制定的最为重要和广泛使用的模型。波特认为，战略的核心是获取竞争优势，而影响竞争优势的因素有两个：一是企业所处产业的盈利能力，即产业的吸引力；二是企业在产业中的相对竞争地位。因此，竞争战略的选择应考虑以下两点：一是选择的产业是否具有潜在利润的吸引力；二是如何在选择的产业中获取竞争优势。为了正确选择有吸引力的产业以及获取竞争优势，企业必须对将要进入的某个或某几个产业的结构状况和竞争环境进行分析。

波特竞争战略理论的基本逻辑是：一是产业结构是决定企业盈利能力的关键因素；二是企业可以通过选择和执行低成本或差异化战略，影响产业中的五种力量（同行业内现有竞争者的竞争能力、潜在竞争者进入的能力、替代品的替代能力、供应商的讨价还价能力、购买者的讨价还价能力），以改善和加强企业的竞争优势；三是价值链活动是竞争优

第五讲 战略制胜：管理学视野中的战略性思维

势的来源，企业通过价值链活动和价值链关系的调整来实施其基本战略。

进入20世纪90年代，随着信息技术的迅猛发展，市场竞争环境日趋复杂，企业把战略重点从外部环境分析转向内部控制，注重自身核心竞争力的形成，强调企业内部条件对于获取并保持竞争优势的决定性作用。

1990年，普拉哈拉德（C. K. Prahalad）和哈梅尔（G. Hamel）提出了企业的核心能力（core competence）理论，该理论假定企业具有异质资源，且资源不能在企业间自由流动；对于企业独特的资源，其他企业无法得到或模仿，这些独特的资源成为企业竞争优势的基础。巴尼（J. Barney）、科林斯（D. J. Collins）和蒙哥马利（C. A. Montgomery）被认为是企业资源学派的代表，他们把企业看作各种资源的集合。所谓企业资源，是企业在向社会提供产品或服务的过程中，能够实现企业战略目标的各种要素组合。其中，那些与企业预期业务和战略相匹配的资源最具价值，企业的竞争优势取决于其拥有资源的价值。企业资源学派认为，企业应将自身置于所处的产业环境，只有与竞争对手的资源进行比较，才能发现企业拥有的优势资源。1997年，提斯（D. J. Teece）、皮萨诺（G. Pisano）和舒恩（A. Shuen）把演化经济学的企业模型和资源学派的观点结合起来，提出了"动态能力"的战略观和基于"动态能力"的战略分析框架。

20世纪90年代后期出现的战略联盟强调企业间的"竞合"，即合作中的竞争与竞争中的合作，认为竞争优势的构建是在自身优势与他人竞争优势相结合的基础之上的。自此，通过创新和创造来实现超越竞争开始成为企业战略管理研究的新焦点。随着产业环境的动态化、技术创新的加速化、竞争的全球化和顾客需求的多样化，企业逐渐认识到，无论是为了增强自身能力还是拓展新市场，都应努力营造共赢的局面，与其他企业共同创造消费者感兴趣的新价值，培养以发展为导向的协作性经济群体，企业才能获得更多的利益。

进入 21 世纪，决策变量的易变性、不确定性、复杂性、模糊性前所未有，使企业家对未来的预测主要不是基于统计模型和计算，而是更多地基于自己的心智、想象力、洞察力、直觉力、警觉性、自信心、判断力和勇气。其重要的观点如下：战略是不断试错和学习的结果，环境的不确定性必然导致企业不断尝试与修改自己的对策，这些对策的逐步积累就形成了战略；战略是一种意图，意图是最终追求的目标，在高度不确定性和存在大量偶然性的现实商业环境中，在变化越来越快的市场上，战略就像是指引方向和导航的"罗盘"；战略是应急过程，合适的战略制定与决策过程要考虑到环境波动的程度，好的战略应该给企业多种选择，并配有应急措施；战略是复式迭代变革，社会、技术、模式等方方面面的迭代速度都在不断加快，企业发展"唯快不破"，靠速度突围势在必行。

二、企业家与企业管理中的战略性思维

战略性思维是一种具有前瞻性、宏观性和指导性的综合思维模式。对于企业而言，战略性思维表现为企业发展的宏观规划和微观经营。企业战略管理要合理完备地分析企业的外部发展环境和内部运行环境，结果体现为企业全面的战略评价和控制，评价企业已推行和实施的战略存在的优势和不足，以促进企业流程再造和进一步发展。企业战略性管理思维的核心是战略管理者的战略性思维和战略企业的经营规划选择，尤

第五讲 战略制胜：管理学视野中的战略性思维

其是管理者的管理策略，它们会深刻影响企业战略方向的规划、战略方法的选择、战略路径的实施以及战略评价的效果等等，因此下面我们从企业家的战略性思维和企业管理中的战略性思维的角度阐述战略性思维在管理学中的实际运用。

（一）企业家的战略性思维

首先，从一组数据来看：从1975年到2000年，比尔·盖茨是微软的首席执行官，在这段时间里，公司年利润从几乎为零增长到了110亿美元。安迪·格鲁夫1987年成为英特尔的首席执行官，之前一年，英特尔亏损1.35亿美元，1997年，也就是格鲁夫在这个职位上的最后一整年，英特尔盈利近100亿美元。史蒂夫·乔布斯1997年回归苹果时，公司只有4亿美元左右的盈利，到2011年他因病辞职时，苹果盈利近340亿美元。

市场份额也能反映类似的情况。格鲁夫任职期间，英特尔微处理器的市场份额从不到40%增长到80%以上。在盖茨的领导下，微软至少获得PC（个人电脑）操作系统市场份额的95%。乔布斯第二次执掌苹果末期，苹果获得了智能手机20%的市场份额，MP3播放器60%的市场份额，平板电脑70%的市场份额。另外，让乔布斯感到骄傲的是，在1000美元以上的PC销售份额中，苹果占了90%。在乔布斯辞职时，苹果是全球市值最高的企业。盖茨辞去首席执行官时，微软也是类似的情况。英特尔仅落后一步，在格鲁夫任职董事长的27个月后，英特尔获得了市值全球第一的位置。

盖茨、格鲁夫、乔布斯在PC、互联网与广泛采用的移动设备出现后，探索了与其有关的活动，他们在正确的时间出现在了正确的地点，这是他们成功的部分原因。但也有很多企业非常有实力，掌门人既有才

87

战略性思维：竞争、合作与全局意识

华又勤奋，却在同一时间、同一市场中失败或落后了。在市场环境的剧烈变化之后，盖茨、格鲁夫和乔布斯能够获得并保持在业界的主导地位，因此才脱颖而出。在这个过程中，他们一直在影响着他们的企业、行业与他们所处的时代。这三位风格迥异的领导者，在策略和执行上有许多相同之处，然而却又与以往的竞争对手有着天壤之别。盖茨、格鲁夫和乔布斯在战略性思维上的共同特点，使他们能更系统地进行战略思考并执行，而他们在处理关键问题时所采用的方法是相似的。但盖茨、格鲁夫和乔布斯并非天生就是伟大的战略家：乔布斯在第一次入主苹果时，差点儿让公司破产；格鲁夫第一本关于企业运营的出版物《格鲁夫给经理人的第一课》（*High Output Management*），其精髓是指导别人如何成为以运营为导向的中层管理者；盖茨从哈佛大学退学时掌握的有关管理与商业战略的知识极为有限。值得关注的是，他们的学习能力——对于战略、执行以及新领域的业务的学习——使得他们长期以来成为高效的领导者。

"学习"这个词在养成企业家战略性思维的过程中至关重要。精通战略并不是一项与生俱来的技能，很多伟大的首席执行官都通过"学习"成了更好的战略思想家和组织领导。比如，格鲁夫在事业的早期相信应该由"战壕"里的经理，也就是距离客户最近的人来决定企业的战略。但之后，他意识到，制定战略需要结合自上而下和自下而上的方法。盖茨被互联网的崛起弄了个措手不及，在浏览器之战中差点输给了网景公司。在几个缺乏经验的年轻员工给他捅了篓子之后，他很快适应，让公司躲过了潜在的灾难。乔布斯初次在苹果工作时，几乎令公司破产，他明白了仅仅设计好的产品是不够的。最终，乔布斯意识到苹果必须形成范围更广的业界合作，要与竞争对手合作，尤其是与盖茨合作，只有这样公司才能生存下去，并且最终获得蓬勃发展。几乎没有人

第五讲　战略制胜：管理学视野中的战略性思维

能够想得到，一款叫作 iPhone 的新型手机能在几年间把行业巨头（诺基亚和黑莓）变成无关痛痒的企业；或者西雅图的小型初创公司（微软）会把它最大的客户，也是当时最有价值的企业（IBM）放倒；或者一家近乎破产的小型半导体存储器生产企业（英特尔，它最初还需要 IBM 的救助），后来打败了日本人、韩国人和欧洲人，在 10 年之内成为一项关键新技术——微处理器的世界领袖。

盖茨、格鲁夫和乔布斯是最早知道如何在平台上竞争的首席执行官和企业家。他们热衷于学习战略、组织和历史，他们致力于学习新技术、新商业模式以及新的产业。他们的战略性思维有共同的特点——既反思成功，也反思失败；既向前看，也向回推理。长期持续投身学习是他们培育战略性思维，并成为高效领导者的重要原因。

一是向前看。商业就像博弈论和象棋一样，所有伟大的战略家一开始都有对未来的愿景。在某种意义上，秘诀很简单——未来愿景应该包括组织的发展方向，客户可能愿意为什么付费，以及组织如何提供消费者愿意购买的独特的产品或服务。还有，细节为王。为了把细节弄清楚，成功的首席执行官依靠外推法和阐释法。外推法相对容易，分析师、研究公司以及学术研究能够根据现有的数据帮助公司领导者了解产业格局和趋势。但是，之后需要有人来阐释这个信息——也就是说，辨识出这些趋势带来的关键机遇与挑战。外推法本身可能是泛化的，很容易模仿。阐释是画龙点睛的部分，要依靠有远见的首席执行官。格鲁夫对于英特尔的愿景运用了基于"摩尔定律"的外推法。1965 年，后来成为英特尔联合创始人的戈登·摩尔（Gordon Moore）预计，用于集成电路上的晶体管数量每隔 18～24 个月会翻倍。之后 20 多年的时间，行业的发展符合他的预测。格鲁夫在 20 世纪 80 年代末阐明了自己对未来的愿景。他提出，如果英特尔继续推动摩尔定律，那么竞争对手需要

战略性思维：竞争、合作与全局意识

巨大的规模经济来制造集成电路或芯片。不可避免的是，这将颠覆主导行业几十年的垂直整合的巨头。那个时候，以 IBM 和美国数字设备公司（DEC）为首的主要电脑企业生产的产品甚至包括靓汤和坚果等。它们制造自制的半导体，推出自己的硬件，编写自己的操作系统，用公司内部的销售团队分销产品。几年之前，在趋势尚不明朗的时候，格鲁夫就预测到这样的体系会被几个水平层面所组成的行业推翻——这些行业包括芯片、硬件、操作系统、应用、分销，其中每部分都会被少数有实力的企业主导。基于这样的愿景，格鲁夫把英特尔的战略与组织完全聚焦于取得在微处理器细分市场上的领导地位。

二是向回推理：设定边界与优先。IBM 前任首席执行官路易斯·郭士纳（Louis Gerstner）曾经说：“愿景是容易的。指着看台，然后说我要把球打到上面去，其实并不难。难的是，如何做到。”换言之，愿景本身并不是目的。领导必须将愿景转化成定义公司活动范围的战略——公司要做什么，更重要的是，不要做什么。修剪过程为资源明智的分配提供了基础，也是向回推理的关键要素。格鲁夫的愿景是通过开发摩尔定律的潜力，让英特尔成为最为强大的企业之一。因此，英特尔最重要的任务是推动能够让集成电路上的晶体管每隔 18~24 个月数量就翻倍的工程与制造创新。摩尔定律、其对于处理技术与资本支出方面的影响，英特尔董事会在格鲁夫任职期间对此的讨论可能超过了任何主题。年复一年，没有什么能比让英特尔保持在摩尔定律所预测的轨迹上的战略、计划与资源分配更为重要的了。但是，验证摩尔定律并不是终极目标。终极目标是让英特尔在定位于水平层级的行业中繁荣发展。格鲁夫相信，能够达到规模经济的企业会主导每一层级；达不到的企业会挣扎，甚至失败。这个愿景之中容不下想要全部包揽的企业。英特尔必须退出或者离开其无法获得成功的业务，首先致力于成为微处理器企业。格鲁夫思想中的这种变化和英特尔转型并不是一次性完成的。1987年是格鲁夫作为首席行政官的第一年，他宣称英特尔业务中的50%应该是"系统"，或者说是组装好的电脑。两年之后，他制定的目标是使英特尔成为"系统中的前五"。但是到了1990年，他意识到，企业需要退出系统业务，转而集中精力打造其核心竞争力。在未来它将制造一些产品，比如主板——包含CPU、存储器以及其他元件的印刷电路板，这有助于销售微处理器。它可以进入固定成本相对较低的相关产品的市场（比如调制解调器）。但是，它会远离其他拥有规模经济的大企业主导的层级。特别值得注意的是，格鲁夫在1991年告诉其团队，进入品牌PC硬件的企业意味着直接与英特尔的客户进行竞争，这绝对"不行"。

（二）企业管理中的战略性思维

企业战略管理是企业确定其使命，根据组织外部环境和内部条件设定企业的战略目标，为保证目标的正确落实和实现进行谋划，并依靠企业内部能力将这种谋划和决策付诸实施，以及在实施过程中进行控制的动态管理过程。其特点是：指导企业全部活动的是企业战略，全部管理活动的重点是制定战略和实施战略。而制定战略和实施战略的关键都在于对企业外部环境的变化进行分析，对企业的内部条件和素质进行审核，并以此为前提确定企业的战略目标，使三者之间达成动态平衡。战略管理的任务，就在于通过战略制定、战略实施和日常管理，在保持这种动态平衡的条件下，实现企业的战略目标。

相较于琳琅满目的战略框架和模型，企业战略和战略管理的提出最大的成就其实是真正驱动了企业"战略性思维"的觉醒。考虑如何利用自身有效的资源和资产，在充满竞争的环境下去满足顾客的需求，从而实现价值的创造，而这种考虑被称为企业战略性思维。企业战略性思维

战略性思维：竞争、合作与全局意识

分为以资源为本的战略性思维、以竞争为本的战略性思维和以顾客为本的战略性思维。三种战略性思维并无优劣之分，各有优势，需要综合运用这三种战略性思维来制定自己的企业战略。

时至今日，战略在欧美市场已如此根深蒂固，其所创造的共识机制也为企业追求自身存在的独特价值提供了关键的基础。商业世界迎来的是永无止境的不确定性，全球经济亦陷入更加针锋相对的矛盾与对立之中。战略大师们正面临前所未有的挑战——在这个日益碎片化的世界，如何能像以前那样挖掘具备普适性的战略思想和方法呢？如果说此前所进行的企业战略和战略管理的研究试图通过通用性的框架或模型将企业引领上战略之路的话，那现在这些企业为了适应碎片化的世界，将走向另一极端——延伸与构建匹配自身需要的战略推进体系，借助这一体系整合人、组织以及战略，并培育组织的战略性思维。此外，要改变现状，构建和强化中高层管理人员的战略性思维更是关键。强大的战略性思维将在组织内部构建"统一"的战略沟通语境和企业思维逻辑，从而形成组织进行战略思考的能力，并进一步驱动自身的战略规划与管理能力的建立与发展。

相较于西方管理理论历经百年的深厚积淀，中国的管理理论基础，显然在成熟度和先进性上还有不足。具体到战略管理理论而言，欧美发达国家在这一领域已经过50多年的不断发展，在肯尼斯·安德鲁斯、伊戈尔·安索夫、阿尔弗雷德·钱德勒、迈克尔·波特、亨利·明茨伯格、杰恩·巴尼等众多战略巨擘的不懈努力下，已经构筑了庞大、复杂、系统、先进的战略理论体系。而中国仍然处于学习消化西方理念，不断改进和完善的阶段。

（三）战略管理在企业发展中的具体实践

战略性管理思维需要与企业发展的具体实践相结合，分别体现在战略分析与选择、战略实施、战略评价与控制三个层面。从战略分析与选择的角度说明企业战略的选择路径，从战略实施的角度阐释战略管理思维在实际运用中的情况，从战略评价与控制的角度分析企业管理战略实施的实际评价情况，尤其是具体阐述企业发展战略中的优势之处和存在的不足。下面从这三个层面分别阐述战略性管理思维具体是如何实践的。

1. 战略分析与选择

战略分析与选择主要是基于企业内外大量客观信息对企业战略的初步分析和最终确定，是基于企业内外客观条件的战略制定过程。具体而言，包括基于企业内外条件对战略方案的初步确定和对备选战略方案的进一步筛选。

在战略的选择上，大企业更需要关注业务组合情况。业务模式一般有两种：一是单一业务模式，即企业在单一市场上占有足够的份额，达到一定的资产和销售额；二是多元化经营模式，即企业在多个相关或无关的领域发展，达到大型企业的规模。大企业在战略制定中，需要更多地考虑对手的反应，尽可能减少未来战略执行中的变数，同时，综合考虑政策变化等多种外部因素和内部资源能力等制约条件。

与大企业相比，中小企业在资金实力、技术水平、人员储备等方面都处于劣势，在选择市场领域和采取竞争战略时必须有所创新，发现适合自己的生存空间。中小企业常用的战略有七种：基本竞争战略、市场补缺战略、市场追随战略、模仿战略、柔道战略、联盟战略和高新技术战略。

企业成长既有质的改善，也有量的增加。质的改善主要表现为企业素质的提高，包括技术创新能力提升、组织结构改进、经营制度和管理方法创新以及企业文化塑造等。量的增加表现为企业规模与经营范围的扩大，包括生产结构专业化、经营业务多元化、组织结构集团化和市场结构国际化等。企业成长的常见方式有技术创新成长、规模与范围成长（扩张）和多元化成长。

2. 战略实施

战略实施主要是解决"由谁做"和"怎样做"的问题。任何战略都要有计划、有步骤地实施，战略计划和战略目标分解是实施战略的基础。计划和目标分解之后，涉及由谁做的问题，这就是资源配置所讨论的内容。战略的实施不是一帆风顺的，会遇到各种各样的阻力，这是变革管理的问题。

战略还要求与之相适应的组织结构和企业文化，牵涉到组织结构的调整和企业文化的改变。战略实施有八项基本任务，实施过程包括战略发动阶段、战略计划阶段、战略运作阶段和战略控制阶段。在战略实施的过程中，企业必须对所拥有的资源进行优化配置，这样才能充分保证战略目标的实现。资源分析的根本目的是利用现有资源满足战略实施的要求。进行资源配置时需要遵循一定的原则，并应重点做好人力资源和资金资源的分配工作。战略与资源之间是动态的相辅相成的关系。7S模型指出了企业在发展过程中需要全面考虑的七个方面的情况，包括结构、制度、作风、人员、技能、战略、共同价值观。该模型也可以看作企业战略实施的内部系统环境和支持条件，只有七个方面协调配合，才能充分发挥战略的有效性。

企业战略决定组织结构的类型。针对具体战略应该采取与之相适合的组织结构。在企业不同的战略发展阶段，要采用不同的组织结构。同时，在战略实施过程中，企业文化也发挥着重要的作用。企业文化是决定企业成败的关键因素，战略与企业文化相辅相成，战略实施过程中，应该变革对战略实施形成阻碍的企业文化，建立适应新战略和新环境的企业文化。

3. 战略评价与控制

战略评价是指在企业经营战略的实施过程中，检查企业为达到目标所进行的各项活动的进展情况，把它们与既定的战略目标相比较，分析偏差产生的原因。战略控制是在战略评价的基础上纠正偏差，使企业战略的实施更好地与企业当前所处的内外环境、企业目标协调一致。战略评价与控制的三项基本活动是：考察企业战略的内在基础，战略绩效的度量与偏差分析，采取纠正措施。

有效的战略评价能够兼顾长期和短期，并进行充分和及时的反馈。战略评价分析中对战略的评价标准是一致性、协调性、可行性和优越性。有效战略控制遵循的原则是适度控制原则、重要性原则、例外原则、适应性原则、激励为主原则和信息反馈原则。

平衡计分卡是重要的战略管理工具。平衡计分卡是考虑企业业绩驱动因素、以多维度平衡指标进行评价的一种业绩评价指标体系。

企业流程再造的核心思想是以企业长期发展战略需要为出发点，以流程价值再增值设计为中心，强调打破传统的职能部门界限，提倡组织改进、顾客导向及正确地运用信息技术，建立合理的企业流程，从而使企业适应日益加剧的市场竞争和瞬息万变的外部环境。企业流程再造的实施流程包括流程诊断、流程再造策略、流程设计及组织实施与持续改善。

因此，企业战略评价与控制需要根据企业战略发展的实际现状和合理的评价手段保证评价的公正公平合理，合理控制企业的战略发展方向。

本讲从管理学视角阐述战略性思维，主要是从企业家和企业管理视

战略性思维：竞争、合作与全局意识

角出发阐述战略性思维在企业管理中的实际运用，尤其关注在企业发展中运用多个战略以促进企业的进一步发展。如企业并购作为战略手段之一，是指企业通过对另一企业控制权的掌握来达到自身发展，是企业间展开的产权交易与资本运营行为，通常包含兼并和收购两个层次的含义。企业并购战略实施中须注意目标公司的选择和审查、自身条件的合理估计以及并购后的整合。再如一体化战略，分为垂直一体化和水平一体化。多元化战略分为集中多元化经营、横向多元化经营和混合多元化经营三种基本类型。不管企业实施何种形式的多元化，都要把增强企业的核心竞争能力作为第一目标，在此基础上兼顾多元化。

最后，企业的发展战略应该根据时代发展、全球战略大环境变化做出适应发展的改变，尤其是在多战略方案和实践发展的过程中需要注重对相应战略进行抉择和调整。

拓展阅读书目

1. 弗雷德·戴维、福里斯特·戴维、梅雷迪思·戴维：《战略管理：建立持续竞争优势》（第 17 版），徐飞译，中国人民大学出版社 2021 年版。

2. 本杰明·戈梅斯-卡塞雷斯：《重混战略：融合内外部资源共创新价值》，徐飞、宋波、任政亮译，中国人民大学出版社 2017 年版。

3. 肯·G. 史密斯、迈克尔·A. 希特：《管理学中的伟大思想：经典理论的开发历程》（典藏版），徐飞、路琳、苏依依译，北京大学出版社 2016 年版。

4. 戴维：《战略管理》，李克宁译，经济科学出版社 2001 年版。

5. 杰尔姆·A. 卡茨、理查德·P. 格林二世：《中小企业创业管理》（第 3 版），徐飞译，中国人民大学出版社 2012 年版。

6. 高杲、徐飞：《企业战略联盟的演化机制：基于自发性对称破缺视角》，上海交通大学出版社 2012 年版。

第六讲　知己知彼百战不殆：
军事学视野中的战略性思维

霞绍晖

课程视频

霞绍晖老师

第六讲　知己知彼百战不殆：军事学视野中的战略性思维

题记：

不谋万世者，不足谋一时；不谋全局者，不足谋一域。

——〔清代〕陈澹然

一、什么是军事学视野中的战略性思维？

人类历史上，部分先进的思想源于战争的发展，这是由战争是人类资源配置的最重要方式决定的。最先进的工艺技术，最优良的资源配置，最突出的科技效率，都首先表现在军事方面。从这个意义上讲，军事作为人类生活的重要方面，饱含了人类智慧的精华。对军事思想的研究与探讨，是认识人类智慧、发挥人类智识的重要任务。著名历史哲学家罗宾·乔治·科林伍德（Robin George Collingwood）指出：一切历史都是思想史。对军事史即兵学史的研究，其核心在于对军事思想史的研究。军事思想的核心在于求胜，因此，军事思想中的智谋思想，就成为人类思想史上的重要一维。

所谓智谋，指能够指导行为高效的思维方式，是人们为了取得最大利益的一种方法论。这种方法论，突出表现在兵学领域，故《孙子兵法》云："兵者，诡道也。"强调用兵求胜，关键在于"伐谋"。现代兵学思想将其总结为"战略思想"。

所谓战略，指筹划与指导战争全局的方略，泛指对全局性、高层次的重大问题的筹划与指导。[①] 战略思想是指导制定和实施某种战略的理性认识和思想方法。它是从众多战略个案中提炼出来的、更为抽象的且

[①] 于汝波、刘庆：《中国历代战略思想教程》，军事科学出版社2013年版，第1页。

战略性思维：竞争、合作与全局意识

更具普遍指导意义的理论。[1] 战略与战略思想是两个密切联系的不同概念。

在中国历史上，有文字记载的战争共 3500 多场。[2] 这样大量的战争史实，为中国战略思想的形成和发展奠定了现实基础。春秋战国时期，《孙子兵法》的问世，标志着中国古代战略思想的成熟。中国古代战略思想，是中国古代兵学的思想核心。《汉书·艺文志·兵书略》曾将西汉以前的兵学流派分为兵权谋、兵形势、兵阴阳、兵技巧四类，其中兵权谋重点关注战略问题。"权谋者，以正守国，以奇用兵，先计而后战，兼形势，包阴阳，用技巧者也。"[3] 其核心精神是先计而后战，全胜为上，灵活用兵，因敌制胜。夺取战争主动权是战略思想的第一宗旨。

在《艺文志》中，兵家并没有被列入"诸子"的范围，兵学思想没有被当作哲学思想体系来看待。一方面是兵家思想追求"术"的层面远远大于"道"的层面，另一方面是中国古代价值观体现在仁义精神上，兵被看作"不祥"之事。因此，各种哲学史、思想史，很少把兵学思想作为其讨论研究的对象。相对儒家经典、道家经典、佛学经典，兵家经典的研究显得单薄和滞后。即便有曹操、杜牧、梅尧臣等注疏《孙子兵法》，但在兵学思想的变革与升华上，所起的作用仍有限。

尽管兵学思想形上研究还停留在《孙子兵法》的理论框架里，但其战略思想却被广泛运用在国家治理、社会团体竞争等方面。因此，了解兵家战略思想，养成战略意识，成为历代杰出伟人自我追求的重要素质之一。人类社会发展到现在，因生产技术的革新、各种文明的深度交融

---

[1] 于汝波、刘庆：《中国历代战略思想教程》，军事科学出版社2013年版，第3页。
[2] 参见《中国军事史》编写组：《中国军事史》，解放军出版社1987年版。
[3] 班固：《汉书·艺文志》（第6册），中华书局1962年版，第1758页。

与资源配置的全球化,各个国家、社会团体发展,越来越需要战略眼光和战略规划。作为新时代的大学生,如何成为具有战略眼光和战略思想的接班人,是学习和实践的重要目标。

二、《孙子兵法》中的战略性思维

中国古代军事战略思想家,以孙武为代表,其所著《孙子兵法》,被誉为兵学圣典,它所包含的战略思想,博大精深,十分丰富,人们可以从不同角度去认识和把握。在我们看来,《孙子兵法》的战略思想,主要包括如下三个方面。

(一)不战而屈人之兵

战争是一种对社会资源破坏力巨大的政治手段,不能轻易发动,这就是孙子所提出的"慎战"观念。孙子云:"兵者,国之大事,死生之地,存亡之道,不可不察也。"[1]《孙子兵法·谋攻》提出的"不战而屈人之兵"的战略思想即基于此。不战而屈人之兵,是《孙子兵法》的重要战略思想。他说:"是故百战百胜,非善之善者也;不战而屈人之兵,善之善者也。"[2] 孙子清楚地看到了战争对社会生产力的巨大破坏作用,看到了战争势必造成国家财力人力的严重损耗,从而导致社会矛盾激化。战争若不可避免,就必须强调备战的重要性,做到有备无患,不打无准备的战争。他指出:"亡国不可以复存,死者不可以复生。故明君

---

[1] 李零:《吴孙子发微》,中华书局1997年版,第29页。
[2] 同上,第47页。

战略性思维：竞争、合作与全局意识

慎之，良将警之。此安国全军之道也。"① 这种思想，深深地影响了中国历代统治者。尤其在战争科技日新月异的当代，这一思想更是十分重要。新中国成立之初，以毛泽东同志为代表的中国共产党人，克服重重困难坚持发展核武器，其根本战略目的就是要"不战而屈人之兵"。

不战而屈人之兵的战略思想，对缺乏政治目标和战略价值而轻易发动战争的政治行为，是坚决反对的。所以孙子说："主不可以怒而兴师，将不可以愠而致战。"② 中国历史上，因主将恼怒而失败的战例，比比皆是。明末清初著名诗人吴伟业有首诗，名叫《圆圆曲》，其中有句诗云"恸哭六军俱缟素，冲冠一怒为红颜"，就是对主将愠怒不守的批评。

不战而屈人之兵的理想境界，是追求"全胜"。孙子说："必以全争于天下，故兵不顿而利可全。"③ 西汉立国之初，匈奴因善骑射，驰骋大漠，汉军根本不是他们的对手。文帝、景帝实施休养生息政策，全力发展生产。到汉武帝时期，汉王朝经济全盛起来，于是就驯养良马，打磨武器，训练骑兵，经过充分军事准备后，由卫青、霍去病带领大军，深入大漠，打得匈奴骑兵落荒而逃，元气大伤，几百年不敢问鼎东方。这就是所谓的"韬光养晦""避其锋芒"。争天下兵是重要力量，智虑却可以让"兵不顿而利可全"。中国古代边患压力主要在西北，这种压力一直延续到清康、乾之际。自英法等列强发动鸦片战争以来，中国的边患压力便转而来自海上，至今如是。

（二）知己知彼，预判胜负

知己知彼，预判胜负是《孙子兵法》的另一重要战略性思维。所谓

---

① 李零：《吴孙子发微》，中华书局1997年版，第120页。
② 同上，第120页。
③ 同上，第48页。

第六讲　知己知彼百战不殆：军事学视野中的战略性思维

知己知彼，就是指对敌我双方的优劣短长均能透彻了解，打起仗来就可以立于不败之地。孙子对战前的情况预判，十分重视。在他看来，最高军事目标的实现，是一个复杂的系统工程，各种情况瞬息万变，要想取得战争主动权，料敌制胜，就必须做到知己知彼。

"知"是中国古代兵学论述重点。从比较思维来看，可以分为知己与知彼两端，即审省敌我双方的利害。孙子说"校之以计而索其情"即此。管仲曰："计必先定于内，然后兵出乎境。"《汉书·艺文志》云："先计而后战。"这都无不强调"知"的重要性。这里所言之"计"，是指计算各种影响战争走向的客观条件；所言之"情"，乃国情走势，即敌我双方形势利害的变化，如人心向背、主将管理指挥水平、武器粮草补给、信息情报搜集、部队军纪法令等等，甚至一些细微的事态发展，都是"情"的内容。孙子将这些归纳概括为"道、天、地、将、法"五事。后世兵家将这些总括为"国家战略"，涵盖战前精神、物资、有形无形的各种战斗力的部署与发展，战时之战力运用，战后政治出路与命运，等等。孙子是从国家利益的高度来看待具体战事，警诫切不可穷兵黩武、轻起戎端。

"知己知彼"，还要把战略、战术、战备等加以比较，探索敌我政情、军情实际虚实动静状态，推演战争的发展与结局，即孙子所谓"计利以听""因利而制权"，从而保证"全胜"。这里的利，不能简单理解为"货财之利"，不能简单计较一城一池的得失，后世兵家警告"趋利者败，役利者亡"。苏轼曾云："古之善用兵者，见其害而后见其利，见其败而后见其成。其心闲而无事，是以若此明也。不然，兵未交而先志

103

战略性思维：竞争、合作与全局意识

于得，则将临事而惑，虽有大利，尚安得而见之！"① 可见，要真正实现"知己知彼"，并非易事，需有整体性、全局性、长远性的意识与眼光。我们常常用"大智慧"来形容历史上的战略家，就是因为这些战略家能"见其害而后见其利，见其败而后见其成"，能清晰地计算"利害"，从而获得战争的主动权。

从技术操作层面看，知己知彼包括以下五项紧要之事，一是知可不可以战，二是识众寡之用，三是上下同欲，四是以虞待不虞，五是将能而君不御。此五项，是针对具体战事而言的，是对"计利以听""因利而制权"的具体阐释。知可不可以战，要在知战之力量对比，包括敌我兵力、敌我经济实力、敌我国家管理水平、敌我军队士气、将领指挥能力等要素。以上诸要素，敌强我弱，则不可以战，我强敌弱，则可以战。从这里可以看出，打仗的重要原则，是以多胜少，而不是以少胜多。

（三）攻心为上

《孙子兵法·军争》提出："三军可夺气，将军可夺心。"② 这便是攻心的战略。攻心战略往往是针对决策执行将领而言的。《孙子兵法·始计》又云："卑而骄之，佚而劳之，亲而离之。"③ 这是他对攻心具体操作的解释。人的心理情绪，往往会扰乱理智。经研究，忧伤的人，决策容易失去成本意识；情绪激动的人，决策容易缺乏判断力；精神疲倦的人，决策容易会失去主见。古代兵法，十分注意对主将（决策者）的

---

① 苏轼：《孙武论》，载曾枣庄、舒大刚编《苏东坡全集》（第5册），中华书局2021年版，第2574页。
② 李零：《吴孙子发微》，中华书局1997年版，第78页。
③ 同上，第30页。

第六讲　知己知彼百战不殆：军事学视野中的战略性思维

攻心战。如三十六计中的空城计、瞒天过海等，都利用了对手的心理弱点。三国时马谡为诸葛亮出征南中献策就说："用兵之道，攻心为上，攻城为下；心战为上，兵战为下。"① 马谡此建议，深受诸葛亮赞赏。诸葛亮南征，七擒孟获，就巧妙地使用了攻心战。《三国志·诸葛亮传》裴松之注引《汉晋春秋》曰："亮至南中，所在战捷，闻孟获者，为夷汉所服，募生致之。既得，使观于营阵之间，问曰：'此军何如？'获对曰：'向者不知虚实，故败。今蒙赐观看营阵，若祇如此，即定易胜耳。'亮笑，纵使更战，七纵七擒，而亮犹遣获。获止不去，曰：'公，天威也，南人不复反矣。'遂至滇池。南中平，皆即其渠率而用之。"②（图6-1）对于这段史实的真实性，虽然研究历史的学者有不同看法，但就攻心之策而言，其具有合理性。《三国演义》中，作者以高超的艺术笔法渲染，使情节尤为离奇，凸显了诸葛亮神奇用兵的能力。

图6-1　诸葛亮七擒孟获

攻心谋略中，主要包括"文伐"和"威慑"两种方法。

文伐是兵书《六韬》中提出的一种攻心之术。据传《六韬》为周文

---

① 陈寿撰，裴松之注：《三国志·马谡传》（第四册），中华书局1982年版，第983页。
② 陈寿撰，裴松之注：《三国志·诸葛亮传》（第四册），中华书局1982年版，第921页。

战略性思维：竞争、合作与全局意识

王师姜望所撰。根据近年出土文献研究，一般认为《六韬》是战国时的典籍。所谓文伐，是相对于武征而言的，即不动兵力，利用非战争手段战胜敌人，或者为武征创造有利条件。《六韬》中的文伐有十二法，具体是利用骄敌之心，分敌之势，收买重臣，虚其积蓄，塞敌耳目，误以美人，令之轻业等方法，达到削弱、控制以致消灭敌人的目的。这是对《孙子兵法》中"上兵伐谋"的具体诠释、发展和发挥。历代兵家都十分重视文伐，现代国家竞争尤其如此。如美苏争霸时期，美国的冷战思维，即是文伐的集中体现。当然，冷战思维比中国古代兵家文伐手段更丰富，更高明，更残酷。有研究战略的学者提出了精神战，包括心理战、思想战、组织战。实际上，随着大国竞争日趋激烈，还出现了文化战、语言战、科技战、信息战等文伐理念。

威慑是另一种攻心战。《孙子兵法》中，虽然没有明确提出威慑之谋，但威慑的理念与方法却蕴含在行文之中。如"不战而屈人之兵"，一"屈"字，威慑之意大明。威慑通常借助一些具体手段来实现，诸如先进武器、险要地势、军事结盟等等，其目的是给敌人造成严重心理压力。孙子说："威加于敌，则其交不得合。……威加于敌，故其城可拔，其国可隳。"[1]

不论哪种谋略，其目的都是以最小的军事代价换取最大的军事利益。谋略是"使对方犯一种了解上的错误，使其对于眼前所看见的事物作一种错误的解释。"[2] 这是主将斗智的重要方面。值得注意的是，战略的本质是"欺诈"（deceit）。若面对勇猛刚直的对手，用欺诈的方法，效果会大打折扣。要确保战争胜利，其核心还在于强大的经济实力、卓

---

[1] 李零：《吴孙子发微》，中华书局1997年版，第108—109页。
[2] 克劳塞维茨：《战争论》，钮先钟译，广西师范大学出版社2003年版，第76页。

第六讲　知己知彼百战不殆：军事学视野中的战略性思维

越的军事技术和高明的指挥将领。

三、《孙子兵法》中的战略性思维的运用

《孙子兵法》的战略思想，对后世影响极大。其所提出的"上兵伐谋""不战而屈人之兵"的大战略思想，被后世广泛接受，并运用于军事斗争实践之中。我们翻开中国复杂多变的兵争文献，就能发现许多高明的战略规划和战略策对，诸如西汉韩信《汉中对》、东汉邓禹《图天下策》、魏晋陈寿《三国志·诸葛亮传》中的《隆中对》、隋高颎《取陈策》、唐李泌《平叛策》等等，举不胜举。其中，《隆中对》经后世艺术加工，影响广泛而深远。

公元207年冬至208年春，刘备驻军新野，势单力薄，前途渺茫，帐下徐庶建议聘请诸葛亮做"首席运营官"，刘备于是"三顾茅庐"，问策于诸葛亮。诸葛亮为刘备分析了天下形势，提出先取荆州为基础，再取益州成鼎足之势，规划了一条明确而又完整的内政、外交和军事路线，相当周详地描绘出了一个魏、蜀、吴鼎足三分的战略构想。

诸葛亮的分析如下。首先，充分认识人谋的重要性。曹操名微而众寡，终能克绍，"非惟天时，抑亦人谋"。其次，分析天下大势。曹操拥百万之众，挟天子以令诸侯，不可与争锋。孙权据有江东，势力稍弱，但"国险而民附，贤能为之用"，天时地利人和占尽，不可图，但可援。然而荆州却是下手处，因其未具备人和这一要素。再次，刘备有名正言顺的身份（正统性或正当性），即"帝室之胄"，又"信义著于四海"，总揽英雄，思贤如渴。然却缺天时地利之机。

诸葛亮的结论："若跨有荆、益，保其岩阻，西和诸戎，南抚夷越，

战略性思维：竞争、合作与全局意识

外结好孙权，内修政理；天下有变，则命一上将将荆州之军以向宛、洛，将军身率益州之众出于秦川，百姓孰敢不箪食壶浆，以迎将军者乎？诚如是，则霸业可成，汉室可兴矣。"①

可以看出，诸葛亮的战略规划，分为近期目标、中期目标和远期目标。近期目标是"跨有荆、益"，占据战略地理位置，以为立国之根基；中期目标是内修政理，外结周围，巩固权力基础，稳定周边（主要是除曹操以外的集团），发展壮大实力；远期目标，即当"天下有变"，抓住时机，分兵两路，形成钳形攻势，"兴复汉室，还于旧都"，完成霸业。诸葛亮提出的"联吴抗曹"总方针，既有历史条件，又有现实基础，总体上看是正确的、切实可行的，因而成为刘备集团立国和复兴汉室的基本指导思想。

从历史发展事实来看，诸葛亮提出的战略构想，也成功指导了刘备集团的前期军事行动，从而形成了"三足鼎立"的政治局面。建安十三年（公元208年）至建安二十四年（公元219年）十二年间，刘备集团政治、军事、经济等方面的地位发生了惊人的变化——赤壁之战后握有荆州四郡，继而占据益州、攻取汉中，建立蜀汉政权。由原来东奔西逃、疲于奔命、寄人篱下、郁郁不得志、无立锥之地，一变而成为与曹操、孙权一样鼎立一方的霸主，刘备的事业也由此发展到了前所未有的顶峰。这完全证明了诸葛亮《隆中对》战略构想的预见性、准确性和可行性。

由此可见，"《隆中对》是蜀汉统一天下所能采取的最佳方案。它吸取前人的经验，结合实际形势，在政治上号召'复兴汉室'，争取人心，

---

① 陈寿撰，裴松之注：《三国志·诸葛亮传》（第四册），中华书局1982年版，第913页。

在外交上联弱抗强；在军事上运用'避实击虚'、'出奇制胜'的原则，高瞻远瞩，独具非常的战略眼光。"① 诸葛亮充分吸收《孙子兵法》"知己知彼"的战略性思维，科学分析刘备集团、曹操集团、孙权集团"道、天、地、将、法"的各个要素，并提出高瞻远瞩的战略方针，造就了历史上"三足鼎立"的三国时代。诸葛亮由此而成为历史上最著名的战略大师。

四、巴蜀文化中的战略性思维

巴蜀文化最早是考古学意义上的指称，后来扩大为发生在巴蜀大地上的一切历史文化现象的总和。巴蜀地区深处中国大陆腹地，地势险要，历史上该地区曾爆发的大规模战争总体上没有其他地方多，但作为统一的中华民族的一部分，这里出的思想家、战略家，仍不在少数。历代出现了不少名垂后世的巴蜀将军，如东周末期的巴蔓子、宋代张浚、明代秦良玉等。尤其在近现代，巴蜀地区具有战略思想的军事家也不在少数。如抗日名将李家钰、王铭章，新中国缔造者朱德、聂荣臻、刘伯承、陈毅，改革开放总设计师邓小平等。

自秦并巴蜀以来，巴蜀文化就展现出了积极融入中原文化的态势。文翁治蜀，建立石室学宫，其后"蜀学比于齐鲁"。《孙子兵法》作为齐学的一部分，也自然传入蜀地，由此孙子兵学思想也在巴蜀大地生根发芽。三国时期，诸葛亮任蜀相，大力发展生产，建设文化事业，巴蜀由此完全融入中原文化。

---

① 吴洁生：《〈隆中对〉与三国前期战争战略》，载《甘肃社会科学》1985年第4期。

战略性思维：竞争、合作与全局意识

巴蜀地区自有其学风，谢无量曾说："蜀有学，先于中国。"这里中国是指中原地区。《华阳国志·蜀志》说："蜀之为国，肇于人皇，与巴同囿。"据舒大刚教授考证，巴蜀上古时期，分天皇时期、地皇时期、人皇时期。天皇、地皇时期，还是"神治"时代，人皇时期已经进入人治时代了。秦并巴蜀以后，作为先进思想的齐鲁学术，渐渐成为时代思潮，并逐渐浸润中原，形成了百家争鸣的局面。巴蜀作为偏远之地，也表现出了接受中原文明的姿态。秦汉之世，儒学一家独大，对统一的国家产生了重大影响，巴蜀学术在这一时期表现出融入主流学术的特征，如犍为舍人最早注解儒家经典《尔雅》，开启了汉代注经学风。自此以还，巴蜀传经者，代不乏人。但值得注意的是，先秦诸子百家学术在巴蜀地区影响广泛，如纵横家、道家、儒家、农家、阴阳家、兵家等经营国家的思想，巴蜀学人皆有著作。同时，巴蜀地区的神仙术、巫祝术等，在道家、阴阳家、农家、兵家等思想影响下，产生了诸如炼丹术、养生术等表现追求生命价值的思想形态。巴蜀学术显得十分驳杂。诸葛亮、赵蕤等的著作，就表现了驳杂的学风。

三国时期，在诸葛亮的影响下，蜀地教育文化事业获得长足发展，不论是宗教思想还是学术思想，在巴蜀地区蓬勃兴起。作为学术思想的一部分，兵学思想也在巴蜀地区获得较大发展，涌现出了一大批兵学著作。据晚清吴福连《拟四川艺文志》统计，清以前的巴蜀籍学人，所撰兵学著作有40余种，其绝大部分都涉及战略思想。如唐赵蕤《长短经》；宋张商英《素书注》、王当《兵书》《备边要略》、李焘《南北攻守录》、李舜臣《江东十鉴》、李壁《南北攻守录》、郭允蹈《蜀鉴》；明余子俊《余肃敏公经略公牍》；清李宗羲《海防节要》、张鹏翮《江防述略》等。总体上看，这些著作，大都继承了《孙子兵法》的重要谋略思想，如"不战而屈人之兵""妙算""知己知彼、预判胜负""攻心为上"

等。至于在具体战斗问题上，不外是战术技巧，如借助气候、充分利用地形地势、聚拢人心、备患于未然等。值得注意的是，后《孙子兵法》的军事著作，大都把战略性思维作为重中之重而加以发扬，巴蜀军事著作，尤其体现了这一特色。

（一）杂家言兵：《长短经》的谋略思想

赵蕤（图6-2），字太宾，号东岩子。梓州盐亭人（今属四川省绵阳市盐亭县），约生于唐高宗显庆四年（公元659年），卒于唐玄宗天宝元年（公元742年）。唐代杰出的道家与纵横家。其《长短经》是古代一部重要谋略著作，也是典型的巴蜀文化谋略专著。它糅合儒、道、法、阴阳、纵横等诸家思想，阐述王霸谋略，充分体现了驳杂的特征。其末卷《兵权》，糅合《孙子兵法》《吴子兵法》《司马法》《六韬》《三略》等著作中的兵学思想，结合具体战例，论述战争性质、战争指导和军队建设等问题，构成了一套较为完整的理论体系。

图6-2 赵蕤画像

战略性思维：竞争、合作与全局意识

我们知道，《孙子兵法》在兵学史上具有极高的学术地位，其 13 篇虽然每篇都有一个主题，但许多重要思想又散见于各篇之中，对其思想体系，较难把握。而赵蕤则把军事问题按专题分为 24 篇，具体包括："出军""练士""结营""道德""禁令""教战""天时""地形""水火""五间""将体""料敌""势略""攻心""伐交""格形""蛇势""先胜""围师""变通""利害""奇正""掩发""还师"。这种以专题的形式呈现，将《孙子兵法》的思想、其他兵家的理论观点以及典型的战例融合为一个整体，无疑是一种重大创新。这种框架设计，不但大大增强了孙子思想与理论的可操作性，提升了其实际应用价值，还打破时空界限，从宏观上纵论"上至尧舜、下至隋唐"时期的经典谋略，盛赞历史人物的审时度势、运筹帷幄，极力展现历史事件中的纵横捭阖、斗智斗勇。简直就是中国谋略思维的集中展现。①

虽然《兵权》在体例上属于汇编性质，但作者在篇目安排、资料选择及内容组织的过程中，体现出了善于吸收各种优秀思想成果的包容学风。同时，其在融合各种兵学理论及战例的过程中，也对《孙子兵法》的思想体系起到了补充、发展和完善的作用，在中国兵学思想史上具有重要意义。它系统完整的军队建设思想、兵儒融合的战争观念、重在"知将"的知胜思想、多有新意的作战指导理论等，都充分展现了作者是从国家安国保民的战略高度，来认识和讨论战争问题的。

总之，《兵权》在融合各家兵学思想理论的过程中，对孙子的某些思想也有独到的阐释，并具有一定的创新价值。不但如此，其将《孙子兵法》理论与其他兵家思想及军事案例结合起来论述的写作手法，在推

---

① 以上观点，请参考姚振文：《论〈长短经·兵权〉对孙子学发展的贡献》，载《孙子研究》2018 年第 4 期。

动孙子学的应用和传播方面，具有重要的学术意义。

（二）儒家言兵：苏洵《权书》的战略思想

苏洵（图6-3），字明允，自号老泉，眉州眉山（今属四川省眉山市）人。北宋文学家，"唐宋八大家"之一，与其子苏轼、苏辙以文学著称于世，世称"三苏"。著有《嘉祐集》二十卷，《谥法》三卷等。

图6-3 苏洵画像

苏洵十分擅长总结历史经验教训，以古鉴今。他在《上韩枢密书》中所说就充分体现了这一点："洵著书无他长，及言兵事，论古今形势，至自比贾谊。所献《权书》，虽古人已往成败之迹，苟深晓其义，施之于今，无所不可。"《权书》系他"儒家言兵"的代表作，自谓"《权书》，兵书也，而所以用仁济义之术也"。在他看来，战胜敌人的核心在于国家整体实力。他说："是故古之取天下者，常先图所守。"要提高国家整体实力，必须"未战养其财，将战养其力，既战养其气，既胜养其心"。按照现代战略性思维来看，这就是全局性思维。在具体战法上，要审查敌我双方的长与短，力求以我之长，攻敌之短。他说："兵有长

113

短，敌我一也。敢问吾之所长，吾出而用之，彼将不与吾校；吾之所短，吾蔽而置之，彼将强与吾角，奈何！"他还提出，仁义是军事的核心价值观。一支具有道义的军队，战无不胜。他说："古之善军者，……必有以义附者焉，不以战，不以掠，而以备急难。"他还注意到兵力不足与兵力强大的辩证关系。兵力不足，往往不能保卫国家。兵力太强，又会久而生乱，达不到建设优质军力的目的。他这种看法，是总结汉唐以来地方军力发展而产生藩镇割据的历史事实得出的。

苏洵对《孙子兵法》大加赞扬，但对孙武指挥部队的能力却报以怀疑。这是针对当时读书人好谈兵书而不切实用的批评。我们知道，北宋建立，是赵匡胤通过"陈桥兵变"来实现的。赵氏作为国家最高统治者，深知地方势力膨胀的危害，所以采用了"重文轻武"的治国方针。这方针在压制地方势力问题上，固然正确，但面对边患问题，却显得力不从心。当时士大夫建言献策，动辄以《孙子兵法》云云来立论，道理一套一套的，但指挥战争总是胜少败多。故苏洵在《权书·孙武》中说："今其书论奇权密机，出入神鬼，自古以兵著书者罕所及。以是而揣其为人，必谓有应敌无穷之才。不知武用兵乃不能必克，与书所言远甚。"他把吴起与孙武做了对比，认为孙武之书"词约而意尽，天下之兵说皆归其中"，吴起之书"轻法制，草略无所统纪"，但吴起却"始用于鲁，破齐；及入魏，又能制秦兵；入楚，楚复霸"。这表明，他主张指挥战争的人，必须有充分的实战经验，不能只会纸上谈兵。

由上可知，苏洵论兵，与赵蕤不同。赵蕤生在盛唐，其所论兵，学术意义大于现实意义。苏洵生在北宋之世，边患多急，内治不安，故其所论，以史为鉴，多切国家实用，可谓国家战略。他的思想倾向于不战。他在《上韩枢密书》中说："夫兵者，聚天下不义之徒，授之以不仁之器，而教之以杀人之事。"主张统治者要"威怀天下之术"，实施仁德政治,"天子推深仁以结其心",才能"君臣之体顺,而畏爱之道立"。可见,他是站在国家战略全局基础上来论兵的,是典型的儒家仁治之道。

(三)道家言兵:张商英《素书注》的战略思想

《素书》相传为秦末汉初隐士黄石公所作。黄石公,别称圯上老人、下邳神人。生年不详,卒于公元前195年,下邳(今江苏省徐州市邳州市)人,与鬼谷子齐名,后被道士拉入道教神谱。相传作《素书》《三略》,此二书不载于《汉书·艺文志》,而自《隋书·经籍志》始见,唐宋《艺文志》并见,故有以为此二书为伪书。《素书》是一种治国理政的谋略书,据张商英《序》,此书黄石公授之张良,张良死,此书随葬,后被盗,始见于人间。相传黄石公三试张良,传之《太公兵法》《三略》,而不见《素书》。有学者以为《素书注》系有人托名张商英而伪造。

张商英(1043—1121),字天觉,号无尽居士,北宋蜀州新津县(今成都市新津区)人(图6-5)。英宗治平二年(1065年)进士,追随王安石变法,擢提点河东刑狱、右正言、左司谏、知洪州、工部侍郎、中书舍人。大观四年(1110年),官至右仆射兼中书侍郎。政和元年(1111年)后,出知河南府,寻落职知邓州,再谪汝州团练副使,衡州安置。宣和三年(1121年)去世,时年七十九,获赠少保。《名臣碑传琬琰集》下卷十六有《张少保商英传》。

图 6-5　张商英雕塑

张商英注《素书》，结合儒、道、兵权谋等精神，详细解读了《素书》在为人、为政、为谋方面的基本问题，即要坚守道、德、仁、义、礼五种原则。道者蹈也，德者得也，仁者爱人也，义者宜也，礼者履也。在古人看来，这五种原则，均出于天，要求人们必须遵循，不然就会损害自己、社会和天下。遵守就是顺天意，就能"明于盛衰之道，通乎成败之数，审乎治乱之势"（《素书·原始》），可以做君子。

张商英认为，成功与否重在预谋。谋的重要问题在于：

首先，要节欲。《素书·原始》说："欲为人之本，不可无一焉。"这是对人性的客观揭示。张氏说："有求谓之欲……求于规矩者，得方圆而已矣；求于德者，无所欲而不得。"可见，他认为节欲在于求德，只有在德的范围内，欲才能得。

其次，要得人。《素书·求人之志》："任材使能，所以济务。"张注云："应变之谓材，可用之谓能。材者任之而不可使，能者使之而不可任，此用人之术也。"张氏把人材分为俊者、豪者、杰者三类，他说："俊者，峻于人也。豪者，高于人也。杰者，傑于人也。有德、有信、有义、有才、有明者，俊之事也。有行、有智、有信、有廉者，豪之事也。至于杰，则才行足以明之矣。然杰胜于豪，豪胜于俊也。"同时，他还注重赏罚，他说："赏善罚恶，义之理也，立功立事，义之断也。"

其次，要广智。《素书·求人之志》："博学切问，所以广知。"张注云："有圣贤之质而不广之以学问，弗勉故也。"张氏充分强调学习的重要性，智识是一个人的重要素质，是成功的前提，只有不断学习，才能"深计远虑，所以不穷。"

再次，要把握时机。"盛衰有道，成败有数，治乱有势，去就有理"，只有"潜居抱道，以待其时。时至而行，则能极人臣之位；得机而动，则能成绝代之功"。

张商英业儒，然亦倾心于佛、道二教，这与他成学于巴蜀地区密切相关。巴蜀地区因地理位置特殊，成为各种文化的交汇之地。故在宋代，很多名人都通三教，最典型的就是苏轼。张商英注《素书》，也是有可能的。首先，他追随王安石变法，遭遇过失败，所以总结治国理政之谋，具有实践经验，《素书注》或为教训之词。其次，从其注疏内容来看，主张仁义道德治国，辅之以刑政，但在国家运行与用人方面，道教特色浓郁，这符合他个人追求"无为而治"的精神。再次，各种目录书皆以《素书注》为其所出，而云伪托，系揣测之词，未有实证。甚至有人怀疑说今传《素书》系张商英的伪造，然后再加以作注，古《素书》本就亡佚。不管怎么说，张商英对《素书》的传承，功不可没。其所提出的道德仁义礼五种原则，受到后世学人的赞赏。有学者甚至还认为，道德仁义礼是巴蜀文化的核心价值观，张商英只不过接受了这种蜀学价值观的传统罢了。如此看来，巴蜀文化在兵权谋的影响，也不可忽略。

五、哪些因素会影响军事学视野中的战略性思维？

军事学视野中的战略性思维，会受到自然环境、科学技术、价值观念等因素的重大影响。

（一）受自然环境的限制

自然环境是人类赖以生存的重要条件，不一样的自然环境，会产生不一样的实践方式。实践方式不同，人们所形成的生产经验、思维模式、风俗习惯都大不相同。战略性思维作为人类经验的总结，自然会受到其所在环境的影响。如生活在高山地区的人与生活在海洋地区的人，思考的问题就不同。在战争发生时，高山地区的人容易想到占领高处，居高临下，胜算自然较大，而海洋地区的人，没有居高临下的条件，就不会把占据高地作为战略考虑的首要问题。历史上众多战役，往往需要借助和利用环境条件来创造胜利。如中国历史上的赤壁之战、淝水之战等著名战役，就是充分利用自然环境条件获得战略优势的。

人类的力量在自然的力量面前，显得十分脆弱，因此，自古以来，中华文化都强调守道的重要性。这种道，就是指客观规律。古人把道作了细分，即分为天道、地道、人道。天道是道的核心，也是道的最高根据，所有的道，都源自天道。天道的最高价值在于生，即化生万物。地道从属于天道，这种从属，不是你中有我的关系，而是辅助关系，天道与地道互为作用，互为联系。地道的最高价值在于存养，即养育万物。天道地道合而生人道，若把天道、地道看作自然规律，人道就是社会规律。人道是仿天地之道而生的。汉董仲舒《春秋繁露》说："天道施，地道化，人道义。"①《管子·霸言》："立政出令，用人道；施爵禄，用地道；举大事，用天道。"②尹知章注："地道，平而无私。"由此可见，天道、地道、人道是古人对客观世界的规律性认识的结果，是人们解释自然与人的关系而产生的一种哲学观念。这种哲学观念是基于人的价值需要而产生的，具有十分浓郁的人性主义色彩。

（二）受科学技术的影响

科学技术的先进性，是战略性思维的重要保障，也是改变战略执行的关键因素之一。从古到今的军事斗争，都在战争武器、战争设备的先进性方面下足了功夫。先进的战争武器装备，往往会带来重大战争胜利。在原始社会时期，军事斗争通常使用原始的器械，诸如木棍、石器等，这些器械的致命性远不如青铜器、铁器。随着冶炼技术的产生，锋利的铁器在战争中的使用，大大增加了战争的破坏性。战马的驯化，也推动了战斗范围、战争规模的扩大。正因为这些战争武器与装备的发展，催化了军事战略性思维的成熟。中国历史上《孙子兵法》《吴子兵法》等总结战争经验、提升战争理论水平的著作，都在铁器、战马广泛使用之后出现。当然，这些具有很高水平的军事著作的产生，除了技术革新、战争频发带来的思想进步外，还有文化体系的成熟。

科技的进步，对战略性思维的影响是显而易见的。随着工业革命的发生，强大的动力设备如汽车、舰船、飞机等相继出现，人类战争不再局限于陆地，而是扩大到海洋和空中。战争的主体，也由原来局部的族群演变为全球性的利益共同体。战略性思维由原来的单纯依靠地势、气

---

① 董仲舒撰，陈蒲清校注：《春秋繁露·天人三策》，岳麓书社1997年版，第300页。
② 房玄龄注，刘绩补注，刘晓艺点校：《管子》，上海古籍出版社2015年版，第171页。

战略性思维：竞争、合作与全局意识

候等因素，扩大到追逐具有大面积杀伤力和超强破坏性的新式武器。因此，工业革命后的高科技技术，往往率先出现并运用在战争中。武器越尖端，对人类的破坏性越大，它不但杀伤人口，还改变人类赖以生存的环境结构，人们甚至还担心战争会使人类走向自我毁灭。在如此巨大的战争阴影下，以前的"争胜"战略性思维，将会得到巨大改变。可以预见，未来战略思想，核心不再是谋求如何取得战斗胜利，而是追求"不战"。

拓展阅读书目

1. 吕望：《六韬》（六卷），孙星衍校，（嘉庆）平津馆丛书本，2010年凤凰出版社曾据以影印出版。

2. 魏禧：《兵谋》（一卷），昭代丛书本。

3. 陈澹然：《权制》（八卷），四库未收书辑刊本，北京出版社2000年版。

4. 王余佑：《乾坤大略》（十卷），丛书集成初编本，商务印书馆1937年版。

5. 《中国军事史》编写组：《中国军事史》，解放军出版社1987年版。

6. 克劳塞维茨：《战争论》，钮先钟译，广西师范大学出版社2003年版。

7. 李德·哈特：《战略论：间接路线》，钮先钟译，上海人民出版社2015年版。

8. 苏沃洛夫：《制胜的科学》，李让译，任俊卿校，解放军出版社1986年版。

# 第七讲 走好走稳自己的路：
中国共产党人的战略性思维

张学昌

课程视频

张学昌老师

第七讲　走好走稳自己的路：中国共产党人的战略性思维

题记：

中国的发展，关键在于中国人民在中国共产党领导下，走出了一条适合中国国情的发展道路。

——习近平

在改革开放前夕，我国计划经济体制的弊端日益突出，1978年国内生产总值仅有3679多亿元。在国际上，与世界的差距巨大，比如1978年我国人均GDP，低于印度，只有日本的1/20，美国的1/30；科技发展水平落后于发达国家40年左右，落后于韩国、巴西等发展中国家20年左右。

中国共产党作出了实行改革开放的历史性决策。习近平指出，"我们的事业是全新的事业，在前进的道路上，我们既不能因循守旧、墨守成规，也不能罔顾国情、东施效颦。我们要坚定不移走好走稳自己的路"[①]。改革开放40多年来，走自己的路硕果累累。在经济发展领域，我国国内生产总值增长到2021年的126.1万亿元，多年来对世界经济增长贡献率超过30%。现在，我国是世界第二大经济体、制造业第一大国、货物贸易第一大国。在社会民生领域，全国居民人均可支配收入由171元增加到3.9万元，彻底解决了绝对贫困问题，建成了包括养老、医疗、低保、住房在内的世界最大的社会保障体系，连续多年被评为世界上最安全的国家之一。我国创造了经济快速发展、社会长期稳定的奇迹。走自己的路，彻底改变了中国命运，使中国从赶上时代到引领时代。在此背景下，我们可以思考：这条路是如何一路走来的？走这条路体现什么样的战略性思维？

---

① 习近平：《在全国政协新年茶话会上的讲话》，载《人民日报》2015年1月1日，第2版。

战略性思维：竞争、合作与全局意识

一、剖析中国发展过程中的战略性思维

（一）使命引领，高瞻远瞩

使命决定方向。习近平指出，"为中国人民谋幸福，为中华民族谋复兴，是中国共产党人的初心和使命，也是改革开放的初心和使命"。[①] 在改革开放进程中，这个初心和使命是激励中国共产党人不断前进的根本动力。

回顾中国共产党的历史，不管是处于顺境还是逆境，党始终坚守为中国人民谋幸福、为中华民族谋复兴这一初心使命，义无反顾、矢志不渝向着这个目标前进。重庆歌乐山渣滓洞监狱墙上写着"长官看不到、想不到、听不到、做不到的，我们要替长官看到、想到、听到、做到"。在国民党反动派的心中，只有个人利益或者特殊利益集团的利益，而失去的是民心，最终只会走向灭亡。中国共产党与之根本不同，能够获得和守住民心。2021年7月1日，习近平在庆祝中国共产党成立100周年大会上指出，"江山就是人民、人民就是江山，打江山、守江山，守的是人民的心。中国共产党根基在人民、血脉在人民、力量在人民。中国共产党始终代表最广大人民根本利益，与人民休戚与共、生死相依，没有任何自己特殊的利益，从来不代表任何利益集团、任何权势团体、任何特权阶层的利益"。[②] 党的权力来源人民。人民向往幸福生活、向往

[①] 中共中央党史和文献研究院：《十九大以来重要文献选编》（上），中央文献出版社2019年版，第730页。

[②] 习近平：《在庆祝中国共产党成立100周年大会上的讲话》，人民出版社2021年版，第11—12页。

第七讲　走好走稳自己的路：中国共产党人的战略性思维

民族复兴，中国共产党就把它们作为初心使命，并矢志不渝地去实现。只有这样做，人民才会相信党，拥护党。而践行好初心使命，很重要的一点是要有战略眼光。

眼光决定高度与未来。习近平指出，"做到科学决策，首先要有战略眼光，看得远、想得深"。[①] 增强战略眼光，利于心中有数、全面权衡、科学决断。邓小平指出，"要从大局看问题，放眼世界，放眼未来，也放眼当前，放眼一切方面"。这是一种观大势、瞻长远、顾全局的战略眼光。他指出，"现在世界上真正大的问题，带全球性的战略问题，一个是和平问题，一个是经济问题或者说发展问题。和平问题是东西问题，发展问题是南北问题。概括起来，就是东西南北四个字"。[②] 先看和平问题。1981年3月，邓小平在听取中国人民解放军原总参谋部领导同志汇报军队精简整编情况时指出，"我看大仗几年打不起来。美苏两霸在战争问题上，谁也不敢先发动。我们不要自己吓唬自己，造成人为的紧张"。[③] 时至今日，"世界正处于大发展大变革大调整时期，和平与发展仍然是时代主题"。[④] 再看发展问题。20世纪60年代末70年代初以来，西方主要资本主义国家出现了经济停滞或衰退，大量失业、严重通货膨胀、信贷不断扩张。在此背景下，发达国家发展需要找到新出路，发展中国家发展需要更多机遇。与此同时，20世纪70年代中后期开始，以信息技术、生物工程技术、新能源技术为代表的新科技革命展

[①] 《习近平在中央党校（国家行政学院）中青年干部培训班开班式上发表重要讲话强调 年轻干部要提高解决实际问题能力 想干事能干事干成事》，载《人民日报》2020年10月11日，第1版。

[②] 《邓小平文选》（第3卷），人民出版社1993年版，第105页。

[③] 中共中央文献研究室、中国人民解放军军事科学院：《邓小平军事文集》（第3卷），军事科学出版社、中央文献出版社2004年版，第186页。

[④] 中共中央党史和文献研究院：《十九大以来重要文献选编》（上），中央文献出版社2019年版，第41页。

战略性思维：竞争、合作与全局意识

开。新科技革命带来的生产力的发展，使各国人民更加珍惜发展机遇。总之，中国共产党精辟地分析了和平与发展成为时代主题的新形势，以此为立论的基础，思考中国和世界的关系、中国的发展思路。

现代化，是人类共同追求的目标。从1954年四个方面的现代化目标锚定到1964年"两步走"设想，从1987年"三步走"战略部署到1997年新"三步走"战略部署，从新世纪强调"两个一百年"奋斗目标到新时代部署新"两步走"战略安排，中国共产党一张蓝图绘到底，一以贯之推进我国社会主义现代化建设。新民主主义革命时期，中国共产党团结带领中国人民不懈奋斗，为实现现代化创造了根本社会条件。社会主义革命和建设时期，中国共产党领导逐步确立了实现"四个现代化"的奋斗目标，团结带领中国人民开启了社会主义现代化的新征程，为现代化建设奠定了根本政治前提和宝贵经验、理论准备、物质基础。在和平与发展的时代主题下，中国共产党大力推进改革开放和社会主义现代化的历史进程。改革开放和社会主义现代化建设新时期，中国共产党将"小康"作为中国式现代化的奋斗目标，团结带领中国人民循序渐进地推进了小康社会建设，为中国式现代化提供了充满新的活力的体制保证和快速发展的物质条件。中国特色社会主义新时代，中国共产党发展了中国式现代化的奋斗目标，团结带领中国人民全面建成小康社会，创造了中国式现代化新道路，为中国式现代化提供了更为完善的制度保证、更为坚实的物质基础、更为主动的精神力量。围绕如何全面建设社会主义现代化国家这一重大课题，习近平阐明了中国式现代化的中国特色：一是人口规模巨大的现代化，二是全体人民共同富裕的现代化，三是物质文明和精神文明相协调的现代化，四是人与自然和谐共生的现代化，五是走和平发展道路的现代化。

第七讲　走好走稳自己的路：中国共产党人的战略性思维

（二）细化步骤，渐进发展

新中国成立后，中国共产党在为人民谋幸福、为民族谋复兴的初心和使命指引下，确立了实现"四个现代化"的发展目标，开启了社会主义现代化的伟大征程。改革开放以后，中国共产党立足改变落后社会生产面貌、提升人民物质文化生活水平的现实要求，将"小康"作为中国式现代化的奋斗目标，循序渐进地推进了小康社会建设，开辟了社会主义现代化建设的新境界。党的十八大以后，中国共产党团结带领人民全面建成了小康社会，开启了以中国式现代化全面推进强国建设、民族复兴的新征程。

从"四个现代化"到"小康社会"，中国在社会主义现代化的伟大征途上阔步迈进。早在新中国成立前夕，毛泽东就明确强调了"现代化"这一概念，他说"我们已经或者即将区别于古代，取得了或者即将取得使我们的农业和手工业逐步地向着现代化发展的可能性"。[①] 新中国成立之初，为了摆脱落后和贫困，建设好新中国，周恩来在1954年强调要建设起强大的现代化的工业、现代化的农业、现代化的交通运输业和现代化的国防。毛泽东指出，"我国人民应该有一个远大的规划，要在几十年内，努力改变我国在经济上和科学文化上的落后状况，迅速达到世界上的先进水平"，[②] 突出了我国现代化的奋斗任务。1964年，周恩来强调，要实现农业、工业、国防和科学技术的现代化，也就是"四个现代化"。

改革开放之初，邓小平发展了"四个现代化"的内涵，提出"中国

[①] 《毛泽东选集》（第4卷），人民出版社1991年版，第430页。
[②] 《毛泽东文集》（第7卷），人民出版社1999年版，第2页。

战略性思维：竞争、合作与全局意识

式的现代化"的概念。他还提出了"小康社会"建设目标，指出"这个小康社会，叫作中国式的现代化"①。小康社会建设目标确立后，中国共产党认为要解放思想、实事求是，摸准、摸清国情和经济活动中各种因素的相互关系，正确把握走什么样的路子、采取什么样的步骤来实现现代化，首先是现代化经济建设的发展达到小康水平，然后继续前进逐步达到更高程度的现代化。1982 年，党的十二大提出了"今后二十年"的奋斗目标，明确了"两步走"的战略部署。在此基础上，1987 年，党的十三大提出了"三步走"战略部署，在重申 20 世纪末人民生活达到小康水平的目标同时，明确了到 21 世纪中叶要基本实现现代化。1992 年，党的十四大把 21 世纪上半叶分成了两个阶段——前 20 年和后 30 年，指出了两个阶段的奋斗目标。1997 年，党的十五大进一步提出了"三步走"战略部署，把 21 世纪前 20 年分成了两个阶段——前 10 年和后 10 年，指出了两个阶段的奋斗目标。

从"总体小康"到"全面小康"，中国共产党不断提档升级小康社会建设目标。跨入 21 世纪，由于我们进入的小康社会还是比较低水平、很不平衡的小康社会，所以进入小康社会，还不等于建成了小康社会，更不等于已经走出小康社会而进入了现代化阶段。为了全面巩固和拓展小康社会的建设成效，使国家更加繁荣富强、人民生活更加幸福美好、中国特色社会主义进一步显示出巨大优越性，2002 年，党的十六大宣布"人民生活总体上达到小康水平"，同时对小康社会建设目标进行了进一步升级。党的十六大强调，"我们要在本世纪头二十年，集中力量，全面建设惠及十几亿人口的更高水平的小康社会"。② 2007 年，党的十

---

① 《邓小平文选》（第 3 卷），人民出版社 1993 年版，第 54 页。
② 中共中央文献研究室：《十六大以来重要文献选编》（上），中央文献出版社 2005 年版，第 14 页。

第七讲　走好走稳自己的路：中国共产党人的战略性思维

七大进一步细化了全面建设小康社会的目标。从"总体小康"到"全面小康"，中国共产党不断提档升级小康社会建设目标，其目的是使经济更加发展、民主更加健全、科教更加进步、文化更加繁荣、社会更加和谐、人民生活更加殷实，从而彻底摆脱贫困并"富起来"。

从"全面建设小康社会"到"全面建成小康社会"，中国共产党始终坚定不移地推进小康社会建设，不断为实现中华民族伟大复兴的中国梦奠定坚实基础。小康社会建设不仅有接续奋斗的"进行时"，也有收获硕果的"完成时"。2012年，党的十八大提出"两个一百年"奋斗目标，强调在中国共产党成立一百周年时全面建成小康社会。到2020年，国内生产总值突破100万亿元人民币，人均国内生产总值突破1万美元，脱贫攻坚成果举世瞩目，人民生活水平显著提高。2021年7月1日，习近平在庆祝中国共产党成立100周年大会上庄严宣告，"经过全党全国各族人民持续奋斗，我们实现了第一个百年奋斗目标，在中华大地上全面建成了小康社会，历史性地解决了绝对贫困问题，正在意气风发向着全面建成社会主义现代化强国的第二个百年奋斗目标迈进。"[①]从"全面建设小康社会"到"全面建成小康社会"，不仅体现了中国共产党对如期实现小康社会建设目标的庄严承诺，更体现了中国共产党不断巩固和拓展小康社会建设成果、继续夺取社会主义现代化建设新胜利的坚定决心、非凡本领和伟大贡献。

党的十八大以来，以习近平同志为核心的党中央作出了明确部署，从全面建成小康社会到基本实现社会主义现代化，再到全面建成社会主义现代化强国，是新时代中国特色社会主义发展的战略安排。在2017

[①] 习近平：《在庆祝中国共产党成立100周年大会上的讲话》，人民出版社2021年版，第2页。

年，党的十九大就提出"从二〇二〇年到二〇三五年，在全面建成小康社会的基础上，再奋斗十五年，基本实现社会主义现代化。""从二〇三五年到本世纪中叶，在基本实现现代化的基础上，再奋斗十五年，把我国建成富强民主文明和谐美丽的社会主义现代化强国。"① 2020 年召开的党的十九届五中全会通过《中共中央关于制定国民经济和社会发展第十四个五年规划和二〇三五年远景目标的建议》，从 9 个方面勾画了到 2035 年基本实现社会主义现代化的远景目标。党的十九届五中全会强调建设"9 个强国"，包括制造强国、质量强国、科技强国、文化强国、教育强国、人才强国、网络强国、体育强国、交通强国。尤其是提出到 2035 年建成文化强国、教育强国、人才强国、体育强国。"建成"体现了中国共产党高度的使命感和责任感。2021 年，习近平指出"新中国成立不久，我们党就提出建设社会主义现代化国家的目标，未来 30 年将是我们完成这个历史宏愿的新发展阶段"。② 到 21 世纪中叶，"我国物质文明、政治文明、精神文明、社会文明、生态文明将全面提升，实现国家治理体系和治理能力现代化，成为综合国力和国际影响力领先的国家，全体人民共同富裕基本实现，我国人民将享有更加幸福安康的生活，中华民族将以更加昂扬的姿态屹立于世界民族之林"。③

（三）问题导向，深化改革

发展是硬道理。邓小平曾把中国发展的问题区分为"发展起来的问

---

① 中共中央党史和文献研究院：《十九大以来重要文献选编》（上），中央文献出版社 2019 年版，第 20 页。
② 《习近平在省部级主要领导干部学习贯彻党的十九届五中全会精神专题研讨班开班式上发表重要讲话强调 深入学习坚决贯彻党的十九届五中全会精神 确保全面建设社会主义现代化国家开好局》，载《人民日报》2021 年 1 月 12 日，第 1 版。
③ 中共中央党史和文献研究院：《十九大以来重要文献选编》（上），中央文献出版社 2019 年版，第 20—21 页。

题"和"发展起来以后的问题",强调要先解决发展起来的问题。小康社会建设的问题归结起来就是发展起来的问题,旨在"把贫困的中国变成小康的中国"[①]。中国共产党始终坚持问题导向,在不断破解小康社会建设难题的过程中让国家和人民"富起来",实现中国发展水平整体跃升。

改革开放初期,中国采取了"摸着石头过河"的战略性思维,在探索基层的过程中寻找突破口。放眼世界,西方主导的改革往往是从"修宪"开始,然后是修改法律,修改有关规定,最后才落实到行动。中国的做法则不同。在马克思主义指导下,中国的改革以问题为导向,从"试验"开始,改革措施先在小范围内试点,成功了再推广,然后再制定相关的规定、法律直至修宪。中国使用的更多是"归纳法",而非"演绎法",也就是从试验和实践中总结经验产生理论。[②] 这样,避免了西方的议而不决、效率低下。习近平指出,"中国的发展注定要走一条属于自己的道路。我们'摸着石头过河',不断深化改革开放,不断探索前进,开创和发展了中国特色社会主义"。[③] "摸着石头过河就是摸规律,从实践中获得真知。"[④] 它是富有中国特色、符合中国国情、行之有效的改革方法。

党的十二大指出,中国共产党要分轻重缓急,逐步解决各种现实问题。在复杂的形势中,抓住中心环节以带动其他。比如,在经济工作中首先抓住农业这一环进行改革,从而带动整个经济形势以至政治形势好

[①] 《邓小平文选》(第3卷),人民出版社1993年版,第226页。
[②] 张维为:《"文明型国家"视角下的中国模式》,观察者网,https://www.guancha.cn/society/2010_11_18_50888.shtml。
[③] 习近平:《中国发展新起点 全球增长新蓝图——在二十国集团工商峰会开幕式上的主旨演讲》,载《人民日报》2016年9月4日,第3版。
[④] 习近平:《习近平谈治国理政》(第1卷),外文出版社2018年版,第68页。

战略性思维：竞争、合作与全局意识

转。"解决别的方面的问题，基本上也是采取这种抓住中心环节以带动其他的方法。"① 聚焦实践问题，党的十二大将发展农业、能源和交通、教育和科学，作为20世纪后20年经济发展的战略重点。在改革实践中，中国共产党坚持以经济建设为中心，推动各个领域的改革发展。习近平指出，"要在坚持以经济建设为中心的同时，全面推进经济建设、政治建设、文化建设、社会建设、生态文明建设，促进现代化建设各个环节、各个方面协调发展，不能长的很长、短的很短。"② 新中国成立以来尤其是改革开放以来，我国经济不断发展，展现了农业和工业、农村和城市、改革和发展相互促进的生动局面。

不断调整优化发展布局，是实现国家可持续发展的重要手段。改革开放以来，为了破解制约小康社会建设的关键掣肘，中国共产党与时俱进地紧抓改革发展的重点环节，先后提出"物质文明建设和精神文明建设两手抓""物质文明、政治文明和精神文明协调发展"和"经济、政治、文化和社会建设四位一体""经济、政治、文化、社会和生态文明建设五位一体"的发展布局，循序渐进地破解经济、政治、文化、社会和生态文明建设方面的突出问题，不断推动小康社会建设向纵深发展。由于发展条件的局限，发展质量和效益不够高、城乡区域发展和收入分配差距较大、住有所居尚未完全实现、社会文明水平尚需进一步提高、社会矛盾和问题交织叠加等问题现在仍然存在。这些问题主要是"发展起来以后的问题"，需要在高水平的小康社会中加以解决。党的十八大以来，中国共产党逐步把解决发展不平衡不充分的问题作为解决新时代

---

① 中共中央文献研究室：《十二大以来重要文献选编》（上），中央文献出版社1986年版，第11页。
② 中共中央文献研究室：《十八大以来重要文献选编》（中），中央文献出版社2016年版，第831页。

社会主要矛盾的突破口和着力点，在全面建设社会主义现代化国家的实践中使人民生活更加美好，人的全面发展、全体人民共同富裕稳步实现。

（四）突出公平，惠及人民

邓小平指出到 20 世纪末争取人均国民生产总值达到 1000 美元即小康水平的重要依据如下。在他看来，虽然当时中国的人均国民生产总值仅有二百几十美元，即使增加 3 倍也不及新加坡等国家的水平，但由于中国没有剥削制度，国民总收入完全用于整个社会，相当大一部分直接分配给人民，因而中国人民贫穷的生活面貌会得到较大改变，"比他们两千美元的还要好过"。① 奋斗目标的实现，不仅有赖于社会生产力的发展，还有赖于社会主义制度的支撑，从而使成果惠及全体人民，这是社会主义的本质要求。

从"让一部分人、一部分地区先富起来"到"扎实推动共同富裕"，让人民群众共享改革开放发展成果。改革开放以来，无论是从"局部调整分配制度"到"建立以按劳分配为主体、其他分配方式为补充的分配制度"再到"建立以按劳分配为主体、多种分配方式并存的分配制度"，还是从"收入增幅低于劳动生产率增幅"到"居民收入增长和经济发展同步、劳动报酬增长和劳动生产率提高同步"，或者是从"在促进效率的前提下体现公平""兼顾效率和公平""效率优先、兼顾公平"到"初次分配注重效率，再分配注重公平"再到"初次分配和再分配都要兼顾效率和公平，再分配更加注重公平"，中国共产党不仅注重充分发挥市场作用，提升人民群众生产劳动、创业致富的主动性和积极性，让一部

---

① 郑谦、武国友：《中华人民共和国史（1977—1991）》，人民出版社 2010 年版，第 368 页。

战略性思维：竞争、合作与全局意识

分人通过诚实劳动、合法经营先富起来，提升社会劳动生产率，促进经济快速发展，还注重发挥政府对收入分配的调节职能，防止两极分化。正如邓小平所指出的，"中国发展到一定的程度后，一定要考虑分配问题。也就是说，要考虑落后地区和发达地区的差距问题。不同地区总会有一定的差距。这种差距太小不行，太大也不行。如果仅仅是少数人富有，那就会落到资本主义去了。"① 习近平也强调"发展了，还有共同富裕问题"。② 物质丰富了，但发展极不平衡，贫富悬殊很大，社会不公平，两极分化了，并不能得人心。全面建成小康社会以后，中国共产党将"扎实推动共同富裕"作为重要任务，努力到 2035 年"人民生活更加美好，人的全面发展、全体人民共同富裕取得更为明显的实质性进展"，③ 到 2050 年"全体人民共同富裕基本实现"，开启实现全体人民共同富裕的新征程。

党始终坚持教育是国之大计、党之大计的理念，以教育作为提高人民综合素质、促进人的全面发展的重要途径。习近平指出，"教育是民族振兴、社会进步的重要基石，是功在当代、利在千秋的德政工程，对提高人民综合素质、促进人的全面发展、增强中华民族创新创造活力、实现中华民族伟大复兴具有决定性意义"。④ 改革开放以来，从"普及教育"到"实施科教兴国战略"再到"实现教育现代化"，中国共产党确立了教育优先发展的战略定位，不断推进教育领域改革，开启了以改

---

① 中共中央文献研究室：《邓小平年谱（1975—1997）》，中央文献出版社 2004 年版，第 1356—1357 页。
② 习近平：《做焦裕禄式的县委书记》，中央文献出版社 2015 年版，第 35 页。
③ 《中共中央关于制定国民经济和社会发展第十四个五年规划和二〇三五年远景目标的建议》，人民出版社 2020 年版，第 5 页。
④ 习近平：《思政课是落实立德树人根本任务的关键课程》，人民出版社 2020 年版，第 1—2 页。

第七讲　走好走稳自己的路：中国共产党人的战略性思维

革促发展、以开放促改革的伟大历史征程，教育事业发展取得历史性成就，总体水平跃居世界中上行列，培养了一大批高素质人才。尤其是党的十八大以来，中国共产党围绕培养什么人、怎样培养人、为谁培养人这一根本问题，全面加强党对教育工作的领导，坚持立德树人，加强学校思想政治工作，推进教育改革，加快补齐教育短板，教育事业中国特色更加鲜明，教育现代化加速推进，教育方面人民群众获得感明显增强，教育的国际影响力加快提升，14亿多中国人民的思想道德素质和科学文化素质全面提升。

就业是民生之本，是最大的民生工程、民心工程、根基工程。习近平指出，"就业是最大的民生。要坚持就业优先战略和积极就业政策，实现更高质量和更充分就业"。① 改革开放以来，从"广开就业门路"到"让社会就业比较充分"，从"让社会就业更加充分"到"推动实现更高质量的就业"再到"实现更高质量和更充分就业""促进高质量充分就业"，中国共产党逐步确立就业优先战略，不断深化就业体制机制改革，完善促进创业的政策措施和公共服务，成功实现从统包统配到市场就业的历史跨越，市场配置和自主就业成为主流，实现就业规模有序扩大和结构不断优化，也推动人民收入持续提高。

习近平指出，"社会保障是保障和改善民生、维护社会公平、增进人民福祉的基本制度保障，是促进经济社会发展、实现广大人民群众共享改革发展成果的重要制度安排，是治国安邦的大问题"。② 改革开放以来，为适应计划经济体制向社会主义市场经济体制转轨要求，我国稳

---

① 习近平：《决胜全面建成小康社会 夺取新时代中国特色社会主义伟大胜利——在中国共产党第十九次全国代表大会上的报告》，人民出版社2017年版，第46页。
② 习近平：《论把握新发展阶段、贯彻新发展理念、构建新发展格局》，中央文献出版社2021年版，第524页。

步推进各项社会保障制度改革。从"单位保障"到"社会保障",中国共产党坚持公平统一、权责一致、循序渐进,逐步推动建立起了世界上最大规模的社会保障体系,社会保障水平迈上一个大台阶。尤其是党的十八大以来,中国共产党以建立更加公平更可持续的社会保障制度为目标,统筹推进养老、医疗保险制度改革等各项社会保障制度改革,取得明显进展,民生保障网不断织密扎牢。此外,中国共产党还领导推进医疗、托育、养老、住房等诸多民生领域的改革,使人民的获得感、幸福感、安全感不断提升。

二、改革开放的战略决策创造中国经济发展奇迹

海尔集团连续 10 余年荣登全球大型家用电器品牌零售量榜第一。张瑞敏长期担任海尔集团党委书记、董事局主席、首席执行官,带领海尔集团实现飞跃发展。回溯历史,张瑞敏接手海尔的时候,情况却让人捏一把汗。1984 年来了,张瑞敏被派到海尔前身——青岛日用电器厂当厂长,该厂当时亏空巨大。新官上任第一天,张瑞敏接到几十张请调报告。他回忆说,"工人上午 8 点来,9 点走,10 点在大院里扔个手榴弹都炸不死人"。2018 年,张瑞敏被党中央、国务院授予了"改革先锋"称号。张瑞敏曾说,"没有改革开放,就没有今天的海尔,也没有今天的张瑞敏。"从颁发规范工厂运行的规定,到抡起铁锤砸质量不合格的冰箱,再到不断拓展国内外市场……正是通过企业改革、优化管理、引进技术、提高产品质量等,海尔集团才取得了今天的成功。海尔集团的成功只是当代中国发展成绩的一个缩影,改革不只是决定了海尔的命运,更是决定了当代中国命运。

第七讲　走好走稳自己的路：中国共产党人的战略性思维

改革开放是中国共产党的一次伟大的觉醒，正是这个伟大觉醒孕育了中国共产党从理论到实践的伟大创造。改革开放不断突破思想和体制束缚，创造了经济社会发展的"中国速度""中国奇迹"。党的十八大以来，全面深化改革是关系党和国家事业发展全局的重大战略部署，不是某个领域某个方面的单项改革。这一实践还有很多难啃的硬骨头，比如思想观念束缚、利益固化藩篱、体制机制障碍。要继续高举改革旗帜，站在更高起点谋划和推进改革，坚持以人民为中心，坚持以问题为导向，坚定改革定力，增强改革勇气，总结运用好党的十八大以来形成的改革新经验，再接再厉，久久为功，坚定不移将改革进行到底。

走自己的路，是党的全部理论和实践立足点，更是党百年奋斗得出的重要结论。新中国成立以来尤其是改革开放以来，中国共产党坚守初心使命，放眼东西南北，一张蓝图绘到底，不断细化步骤、推进渐进发展，坚持问题导向、逐步深化改革，突出公平正义、成果惠及人民，团结带领人民走好走稳自己的路，创造了举世瞩目的成就。在新的历史条件下，要始终坚定道路自信，不为任何风险所惧，不为任何干扰所惑，继续沿着党和人民开辟的正确道路奋勇前进。

拓展阅读书目

1. 习近平：《习近平著作选读》（第1—2卷），人民出版社2023年版。

2. 习近平：《习近平谈治国理政》（第1—4卷），外文出版社2018、2017、2020、2022年版。

3. 习近平：《论坚持全面深化改革》，中央文献出版社2018年版。

4. 萧诗美：《邓小平智慧》，人民出版社2015年版。

5. 韩庆祥：《强国逻辑：走向强国之路》，红旗出版社2019年版。

6. 张维为：《中国特色社会主义》，上海人民出版社2020年版。

第八讲　社会秩序与良法善治：法律视野中的战略性思维

王军杰

课程视频

王军杰老师

第八讲　社会秩序与良法善治：法律视野中的战略性思维

题记：

法律不只是一套规则，是社会分配权利和义务的结构和秩序。宗教也不是一种信条和仪式，它是人们对终极生活意义的一种集体关切，对超验价值的共同直觉与献身。

——哈罗德·J. 伯尔曼

1983年诺贝尔文学奖获得者威廉·戈尔丁（William Golding）在小说《蝇王》（*Lord of the Flies*）中进行了一次无序社会中人性之恶的封闭实验。故事是这样设定的：在不确定的未来，世界爆发了核战争，有一架载满了孩子的飞机从英国起飞，逃离了人类纷争。但飞机失事了，迫降在一个无人的海岛上，一共有30个5岁至12岁的男孩子活了下来。他们在这个与世隔绝的小岛上能否有序、和平、友好地生活呢？答案是否定的，孩子们未能形成良善的社会秩序，变成了一群魔鬼，小岛变成了地狱。不过故事还是设定了一个光明的结尾，一艘军舰看见小岛上森林大火的烟雾后，登岛营救了剩下的几个孩子们。

关于良善秩序对一个社会的重要性，智者先贤们有很多思考。例如，"人……力不若牛，走不若马，而牛马为用，何也？曰：人能群，彼不能群也"。（《荀子·王制》）但是人群居以后面临着一个难题，即如何群而不乱，形成和平、安定的社会秩序。

为了形成良善安定的社会秩序，在漫长人类社会演进中，我们创造、尝试过各种手段来规范群居后的人的行为，来治理群居后形成的社会，塑成庞大的秩序网络。其中，有宗教秩序，有道德秩序，有礼仪秩序，有法治秩序，甚或有江湖规则。故而，没有规矩，不成方圆，凡有人群居的地方，就有条条框框。犹如卢梭所言，人生而自由，却无往不在枷锁之中。

战略性思维：竞争、合作与全局意识

在人类社会尝试过的所有治理手段中，法治可能不是最好的，但应该是较好的。因为法治驱动的社会是一个规则至上的，平等、包容、创新的利益共同体，可以促进每个公民"个体精神的自由、舒展与解放"，形成以人为本、关怀个体尊严和价值的文明秩序。由此，古罗马有一句谚语——有社会，必有法律。抑或，有法律，才有社会。无法无天，无法亦无序。所以法治是人类社会治理的共识性战略选择，"依法治国"亦成了我们应然的必经之路。

一、人类社会秩序的逻辑起点是什么？

人类社会秩序建构有两个约束性条件：一是资源有限；二是人性自私与恶。如何在坏世界中建构好的秩序？很多先贤智者对此有过探寻，比如霍布斯、卢梭、洛克、孔子、孟子、荀子等，其思想可概括为两个假设。

霍布斯假设：人类社会自然状态是"一切人对一切人的战争"，原子化个人之间不信任、冲突、争斗永无休止。最后人类受不了这种"自然状态"，不得不寻求合作，于是订立了一系列契约，这是秩序的开始。该逻辑更适合解释国际秩序。

荀子假设：人类社会最初的原始状态是"人生而不能无群"。因为，人力不如牛，跑不如马，面对猛禽野兽和恶劣的自然环境，为了生存，必须合群、合作、合力。但人群聚以后，就会生发冲突，为了化解纠纷冲突，人类创造了道德、宗教和法律，于是秩序形成。该假设更适合解释国内秩序。

实际上，二者可以融合为霍布斯—荀子假设，即人类之所以从冲突

第八讲 社会秩序与良法善治：法律视野中的战略性思维

走向合作，除了道德的约束，更因为只有合作才能够生存，才能够带来更大的利益。这已被现代博弈论所证实，也被博弈论专家罗伯特·阿克塞尔罗德（Robert Axelrod）的计算机仿真游戏所证实。

二、宗教、道德与法律之间有什么关系？

俗称西方最古老的三个专业或职业是神学、医学和法学（牧师、医生和律师），神学关乎人类精神和信仰，医学关乎人类身心健康，法学关乎社会治理与社会秩序。但起初，宗教、道德和法律是以一种"内共生"的状态而存在，多元并存，相辅相成。一般认为现代西方法律思想的源头是18世纪的启蒙运动和法国大革命，或者再往前追溯到15、16世纪的文艺复兴与宗教改革运动，但是哈罗德·伯尔曼（Harold J. Berman）认为，这一源头其实是11世纪的教皇革命。[1] 11世纪，教皇圣格列高利七世（Gregory Ⅶ）发动教皇革命使得罗马主教成为教会的唯一首领，推动教会成了一个法律共同体。教会法学家格拉提安（Gratian）的《教会法汇编》（*Decretum Gratiani*）是西方第一个现代法律体系，推动了王室法、封建法、城市法等世俗法律体系的形成。因此，西方法律传统起源于教皇革命并在此基础上不断演进。宗教教义延伸出了道德和规范，法律脱胎于神学和宗教[2]，法律由此被赋予了强烈

---

[1] 哈罗德·J. 伯尔曼：《法律与革命：西方法律传统的形成》，中国大百科全书出版社1993年版。

[2] 自然法学派认为：法律是宇宙的统治者上帝安排的管理万物的规则（托马斯·阿奎那）；真正的法律是一种永恒不变的，由统治万物的神创造、裁判、倡导的，适用于所有民族和各个时代的规则（西塞罗）；法治具有双重含义，法律获得普遍服从和大家所遵从的法律应该是制定良好的法律（亚里士多德）。

的道德色彩以及宗教的仪式感。在我国，早期法律主要脱胎于道德和礼仪。

经过漫长的历史演化，三者的区别也越发明显。法律主要靠国家暴力机器作为实施的保障，道德主要靠公民个体的自觉来实现；法律、道德主要规范人的行为，而宗教旨在塑造人的思想。

（一）法律与宗教：规范社会的两个向度

法律脱胎于宗教，二者密切联系[1]又有所不同。在西方漫长的中世纪以及之前，法律、宗教和道德互为表里（如宗教法庭）。西方历史上，教皇对国王有很大的影响力，甚或形成了政教合一的神权国家[2]（如中世纪时期拜占庭帝国、亨利八世时代的英国等），这些国家宗教教义就是法律，法律必须符合宗教教义精神。但教权（宗教规则）与王权（世俗规则）的斗争与博弈始终是欧洲中世纪的历史主线。后来，16—18世纪的宗教改革、启蒙运动直接导致了政教分离（人文主义和理性主义胜出），实现了"凯撒的归凯撒，上帝的归上帝"[3]，皇帝用法律统治世俗社会，教皇则用宗教教义统治人类信仰和思想，法律与宗教趋向于各表一枝。

伯尔曼在《法律与宗教》[4]一书中有关道德与宗教关系的观点鞭辟入里，堪称经典。首先，法律和宗教内生于人类社会，也将消亡于人类

---

[1] 马克思认为，宗教是世界总的理论，是世界包罗万象的纲领。梅因认为，每一种法律体系确立之初，总是与宗教典礼和仪式密切相联系的。
[2] 政教合一神权国家的基本特征：国家元首和宗教领袖同为一人，政权和教权由一人执掌；国家法律以宗教教义为依据，宗教教义是处理一切民间事务的准则，民众受狂热和专一的宗教感情所支配。
[3] 《圣经·新约》："Give back to Ceasar what is Ceasar's and to God what is God's."
[4] 哈罗德·J. 伯尔曼：《法律与宗教》，梁治平译，中国政法大学出版社2003年版。

第八讲 社会秩序与良法善治：法律视野中的战略性思维

社会，是所有文明都具有的领域，二者具有某些共同的要素——仪式、传统、权威和普遍性。其次，法律赋予宗教以其社会性，宗教则给予法律以其精神、方向，以及法律获得尊敬所需要的神圣性。没有宗教的法律很容易退化成为僵死的法条主义，而没有法律的宗教则易于变为狂信。最后，法律不只是一套规则，它是社会分配权利和义务的结构和秩序。宗教也不只是一种信条和仪式，它是人们对终极生活意义的一种集体关切，对超验价值的共同直觉与献身。法律以无政府状态为敌，宗教向颓废开战。

伯尔曼认为法律与宗教的逐渐分离，导致社会"对法律的尊重和宗教的信仰在逐渐磨灭"[①]。在伯尔曼看来，在最近两百年里，西方的法律正不断丧失其神圣性，日益变成纯功利的工具。与此同时，西方的宗教也逐渐失去它的社会性，慢慢退回到私人生活中去。正义与神圣之间的纽带开始断裂。然而，仅凭理性推导与功利计算，不具有神圣意味的法律又如何赢得民众的衷心拥戴？于是，他提出"法律必须被信仰，否则它将形同虚设"。[②]

（二）法律与道德

法治是最低限度的道德，亦是人性的低保，但法律源于道德，作为法律源头的道德是对法律权威的必要限制。"有两种东西，我对它们的思考越是深沉和持久，它们在我心灵中唤起的惊奇和敬畏就会越历久弥

[①] 伯尔曼认为，社会对法律的尊重和对宗教的信仰在逐渐磨灭，其根本原因在于两者的分离。以常人的角度，一种是至高的权威，另一种是无上的信仰，二者似乎矛盾而不合。事实并非如此，受到宗教信仰熏陶的法律，人民便内心归依，法律才真正有效，而并非全然靠着国家司法的强制力。法律本身就是一种神圣性的信念，导向一种内心的服从。

[②] 哈罗德·J. 伯尔曼：《法律与宗教》，梁志平译，中国政法大学出版社2003年版。

战略性思维：竞争、合作与全局意识

新，一个是我们头顶浩瀚的星空，另一个是我们心中崇高的道德准则。"[1] 这些"内心的道德准则"萌生于宗教教义，内化于社会文明之中，是人类道德和法律的起点，并逐渐演化、外化为具体的道德和法律规范，这也是人之为人的根本属性，即道德法则。

首先，在当今的人类社会中，道德与法律可以说是和而不同，道德的指向是向上的，它要求人行善，而法律的指向是向下的，它要求人不作恶。换言之，法律是最低限度的道德[2]。法律不管、不要求你必须好到哪去，但它要管你不能恶到哪去。质言之，道德倡导上限，法律只管下限，只管你要守住底线。

其次，法律不是来自逻辑和理性，而是源于其所服务的道德观念，法律的价值本身来源于民众朴素的道德情感，法律只是道德的载体，权利意志不能任意产生道德法则，道德在法律之上，法律及立法者的意志在道德之下。法律的超验权威不是人理性所创造的，而是写在历史、文化、传统和习俗之中，写在活生生的社会生活之中。犹如斯蒂芬所言：在任何情况下，立法都要适应一国当时的道德水准，如果社会没有毫不含糊地普遍谴责某事，那么你不可能对它进行惩罚，不然必然会"引起严重的虚伪和公愤"。

由此，法律不能强人所难，所以"见义勇为""大义灭亲"等不是法律义务，而是更高的道德要求。我国汉唐法律提倡"亲亲相隐不为

---

[1] 此言源于康德《实践理性批判》，也是康德的墓志铭，代表了康德哲学的两大原则。"头顶上的星空"代表了自然科学、他律、实然和现实（物与物的关系），"内心的道德法则"代表了社会科学、自律、良知、应然和理想（人与人、人与自我两大关系），就是我们通常所说的"良心"，怜悯、同情、爱，人同此心、心同此理，己所不欲勿施于人等。

[2] 但分析实证主义法学派哈特认为：法律可以具有道德上的正当性，内容上也可能偶合，但不能由此得出法律必须符合某种道德或正义之结论，法律和道德没有必然的联系，但不意味着它们必然没有联系，恶法亦法。

第八讲　社会秩序与良法善治：法律视野中的战略性思维

罪"①，即亲属之间可以相互隐匿犯罪行为，不予告发或作证。不想让亲人坐牢，实在是人伦常情，无法用法律做更高的要求，否则可能无法遵守，而"无法遵守的法律不是法律"（富勒），亦即"徒法不足以自行"。当前，法国、德国②、日本等国刑法都规定为直系亲属犯人提供帮助或者包庇，可以不受处罚。我国刑法虽然也规定了包庇罪，但刑事诉讼法同时也规定，法院不得强制被告人的配偶、父母和子女出庭作证③。因此，一个守法之人是一个不作恶的人，但不一定是一个道德高尚的人，但一个不作恶的人自然有潜力成为一个道德高尚的人④。

　　法律与道德的互动关系也很有意思。一则法律可以成为强化、引领道德的力量（合法合理合情），二则也可以成为抑制、拉低道德的力量（合法但不合理不合情）。前者的立法例有我国《民法典》第7条的诚实信用原则⑤、第184条"因自愿实施紧急救助行为造成受助人损害的，救助人不承担民事责任"⑥等。后者的立法例和实践案例如刑法原嫖宿幼女罪⑦等。司法实践中比较有代表性的案例是2006年南京的彭宇案，

---

① 孔子曰："吾党之直者异于是：父为子隐，子为父隐，直在其中矣。"
② 参见《德国刑法典》分则第21章第258条第6项：为使其亲属免于处罚而为上述行为的，不处罚。
③ 参见《中华人民共和国刑事诉讼法》第193条：经人民法院通知，证人没有正当理由不出庭作证的，人民法院可以强制其到庭，但是被告人的配偶、父母、子女除外。
④ 犹如胡适所言：一个肮脏的社会，如果人人讲规则，而不是谈道德，最终会变成一个有人味的正常社会，道德也会自然回归。一个干净的社会，如果人人都不讲规则却大谈道德、谈高尚，天天没事就谈道德规范、人人大公无私，那么这个社会最终会坠落成一个伪君子遍地的肮脏社会。孟德斯鸠也说过："为保存风纪，反而破坏人性；须知人性却是风纪之源泉。"
⑤ 诚实信用原则是一项古老的道德戒律和法律原则，它要求一切市场参加者在不损害他人利益和社会公益的前提下，追求自己的利益。
⑥ 见义勇为是彰显社会正能量的善行美德。然而，现实生活中，一些热心助人救人者，事后反遭索赔、追责的现象时有发生。于是，"路上有人摔倒究竟扶还是不扶""遇到突发事件要不要出手相助"成为不少人心头的纠结。此条从立法的层面豁免救助人对受救助人造成的损害，消除了见义勇为者在扶贫济困、挺身而出之后的顾虑。
⑦ 2015年11月1日实施的《刑法修正案（九）》规定，删除嫖宿幼女罪，对这类行为可适用刑法第236条，即奸淫不满14周岁的幼女的，以强奸论，从重处罚。

147

战略性思维：竞争、合作与全局意识

2003年江西某法院判决爷爷奶奶对孙子没有探视权案，美国1920年禁酒令的失败[①]等。

综上，法治规制罪恶，旨在遏制人性恶的一面，道德与宗教引人向善，倡导了人性善的一面。三者分工合作，互为借鉴，相辅相成，一起推动了社会秩序的演进与发展。进而成就了一个秩序、良善的社会，一个和谐、创新的社会，一个多元、生机的社会。

三、从身份到契约：法治观念的形成

英国著名法学家梅因在《古代法》中有一个著名论断："所有进步社会的运动，到此处为止，是一个'从身份到契约的运动'。"[②] 在身份法的时代，一则社会以家族为单位，法律以身份为核心，人们不被视为独立的个体，而被视为特定团体的成员，社会关系的单位是"家族"而非个人（"化家为国、家国天下"，妇从夫、子从父等）。二则以出身、身份界定个人权利的边界，以户主/主人决定其权利的范围。三则形成了贵族与平民、奴隶与奴隶主、牧师与信徒等高低、贵贱的身份等级秩序，如古罗马有公民、自由民、奴隶三个等级，我国古代亦是"三纲五

---

① 1920年1月17日，美国宪法第18号修正案——禁酒法案（又称"伏尔斯泰得法案"）正式生效。此项法律规定，凡是制造、售卖乃至于运输酒精含量超过0.5%以上的饮料皆属违法。独自在家里喝酒不算犯法，但与朋友共饮或举行酒宴则属违法，最高可被罚款1000美元及监禁半年。

② 古代文明形态各异，但有一个近乎相同的起点：人们不是被视为一个个人而是始终被视为一个特定团体的成员。换言之，社会的单位是"家族"而非"个人"。梅因总结说：所有进步社会的运动在有一点上是一致的，在运动发展的过程中，其特点是家族依附的逐步消灭以及代之而起的个人义务的增长。……用以逐步代替源自"家族"各种权利义务上那种相互关系形式的就是"契约"。参见梁治平：《"从身份到契约"：社会关系的革命——读梅因〈古代法〉随想》，载《读书》1986年第6期。

第八讲　社会秩序与良法善治：法律视野中的战略性思维

常""尊尊长长""男女有别"的等级社会。

法制重在用法律、规则来统治，强调法律的工具性，旨在形成稳定的秩序，[①] 而不管规范是善是恶，秩序是否合理，其结果是人的统治，即人治，法律规则很容易成为暴政的工具。所以，有法律不一定有法治。我国从韩非到商鞅，夏商周是以"宗族"维系秩序，而战国之后是以"礼法"维持秩序。因此早在战国时期，我国就出现了"法制"思想，但为什么我国古代没有从"法制"演化到现代的"法治"呢？法制的功能和进化受了多个因素的影响，比如宗教、文化，甚至气候、地理环境等，尤其是政治理念的影响，因为法制的功能取决于其价值判断或价值立场。我国古代的法制是什么价值趋向呢？从秦国商鞅开始，其法制的价值目标即"富国强君"，因此中国法制的演化始终没有跳出"法制工具论"的怪圈，未能实现从"法制"到"法治"的蜕变与跃升。

法治重在用法律约束权力，强调法律面前人人平等，是法律的统治。[②] 法治思想是启蒙运动的重要思想成果之一，以洛克、伏尔泰、卢梭、孟德斯鸠等人为代表，提出"自由、平等、博爱"的理念。一则天赋人权，法律面前人人平等。因此需要法律保障每个人的生命、健康和财产等基本权利[③]。二则绝对权力会导致绝对腐败，因此需要用权力监督权力，防止权力私化和滥用。三则权力只对权力的来源负责，因此需

[①] 如苏格拉底用"英勇赴死"践行其坚守的信念：守法即正义，法律的确定性、安定性大于其正义性。当然，自然法学派持另外一种立场，认为"恶法非法"。

[②] 概而言之，"法治"内涵有三：一是确认和保障公民的权利，使其不受侵犯；二是设定和约束国家的权力，使其不被滥用；三是法律面前人人平等，消除身份与特权。

[③] 英国首相老威廉·皮特1763年在国会的一次题为《论英国人个人居家安全的权利》的演讲中提到："即使是最穷的人，在他的小屋里也能够对抗国王的权威。屋子可能很破旧，屋顶可能摇摇欲坠；风可以吹进这所房子，雨可以淋进这所房子，但是国王不能踏进这所房子，他的千军万马也不敢跨过这间破房子的门槛。"再次强调了私有财产神圣不可侵犯。被后世学者概括为：风能进，雨能进，国王不能进。

要实行选举,由人民赋权,为人民负责。这些重大思想推动了权力秩序、社会秩序的根本转变,导致"法制"式微,"法治"勃兴。这是人类治理理念和社会制度范式的革命性进步。[①]

社会秩序演化的可能归宿是——良法善治。亚里士多德在其名著《政治学》中指出:"法治应包含两重意义:已成立的法律获得普遍的服从。而大家所服从的法律又应该本身是制定的良好的法律。"尽管分析法学派(实证法学派)对自然法理念持有异议,但"良法善治"无疑是选择之一。一则"良法"符合多数人的道德情愫和公平正义理念,有助于被遵守。二则"良法善治"的底色是法治,是平等、自由、公平和合作,这有助于实现个体精神的自由舒展以及和谐社会秩序的生成。故法治社会是一个人人平等、自由公正、颇具活力、极富创新、生机盎然的和谐社会。

四、从域内到域外:全球法治秩序的探索

推进国际关系和国际治理的法治化,自上而下地建构"以规则为基础"的国际法治秩序,实现从"丛林"到"契约"法治治理与文明转型,是人类历经无数次战争浩劫、杀戮牺牲后的"无奈与顿悟",是国际社会的千年探索与百年共识,亦是国际法学人及国际法律共同体长期以来的"光荣与梦想"。

第二次世界大战之前,主权国家林立,弱肉强食,优胜劣汰,武力是解决争端的重要手段。第二次世界大战之后,法治秩序初试,合作与

[①] 王人博、程燎原:《法治论》,山东人民出版社1998年版。

第八讲　社会秩序与良法善治：法律视野中的战略性思维

和平得以持续，但是很脆弱。因为局部冲突、新殖民主义、贫富分化依然如影相随。尤其是因全球化背景下的不均衡而引发的政治极化、新冠大流行以及气候变化等严重掣肘了国际法治前进的步伐。国际法治秩序的演化可以粗略地概括为以下三个阶段。

战争冲突秩序。长期以来，战争是人类解决矛盾纠纷的主要选项之一。无论是西方还是我国，战争是历史的重要轨迹。从罗马帝国到"十字军"东征，英法百年战争、欧洲三十年战争，威斯特伐利亚体系，到维也纳会议，再到第一次、第二次世界大战。我国从战国七雄混战，到三国争霸，到五代十国，到隋末农民起义，到朱元璋反元，到清军入关，到太平天国运动。几千年以来，战争始终是人类解决争端、进行利益博弈的重要手段，人类始终无法挣脱战争的泥潭和治乱创伤。直到《巴黎非战公约》[①]才首次提出"禁止武力和武力相威胁"，1945年《联合国宪章》即其"和平解决国际争端"的承继，成为现代国际法的一项重要原则。尽管该原则并未禁止战争尤其是局部冲突的发生，但这无疑是未来国际秩序发展的应然方向。

法治和平秩序。第二次世界大战后，为了遏制战争冲突，实现国际社会的有效治理。国际社会开始探索把国内的法治秩序迁移到国际社会治理层面。但同时，战后国际社会对国际治理的探索与尝试也证明，只有从"国际法制"升维至"国际法治"才能实现国际社会持久的和平与发展。否则，不但无法合作应对全球性难题，还可能重复毁灭性的战争冲突。然后，在大变局、大调整的当下，应然理想很丰满，实然现实很

[①]　《非战公约》，全称《关于废弃战争作为国家政策工具的普遍公约》，亦称《巴黎非战公约》(Pact of Paris) 或《白里安—凯洛格公约》(Kellogg-Briand Pact)，是1928年8月27日在巴黎签署的一项国际公约。该公约规定放弃以战争作为国家政策的手段，只能以和平方法解决国际争端或冲突。由于本身是建立在理想主义的国际关系理论下，所以该公约没有发挥实际作用，但是它是人类第一次放弃将战争作为国家的外交政策。

骨感，这需要时间，更需要政治智慧和法治担当。

法治和谐秩序（良法善治）。从国内的良法善治，到国际社会的良法善治，兴许是国际社会秩序演进的必然趋势。ICSID、WTO 可能是较为成功的范例，WTO 第一次实现了国与国之间的经贸纠纷的法治化解决，ICSID 第一次实现了"民告官"的国际化和法治化。故而，国际法治秩序是国际社会未来的美好愿景，需要各国克服自身利益局限，放下对他国的既有偏见，摆脱历史的桎梏，面向未来，在政治、气候、军事等各领域坦诚沟通，贡献智慧。

五、中国的依法治国战略

1999 年九届全国人大二次会议通过的宪法修正案明确提出："中华人民共和国实行依法治国，建设社会主义法治国家。"（第 5 条第 1 款）这是中华人民共和国治国方略的重大转变。2017 年习近平在党的十九大报告中提出，成立中央全面依法治国领导小组，加强对法治中国建设的统一领导。2018 年 3 月，中共中央印发《深化党和国家机构改革方案》，组建中央全面依法治国委员会。概而言之，依法治国就是依照宪法和法律来治理国家，而不是依照个人意志、主张治理国家；要求国家的政治、经济运作、社会各方面的活动依照法律进行，而不受任何个人意志的干预、阻碍或破坏。这是中国共产党领导人民治理国家的基本方略，是社会文明进步的显著标志，还是人民当家作主、国家长治久安的必要保障。

新中国成立以来特别是改革开放以来，在中国共产党的正确领导下，经过各方面坚持不懈的共同努力，我国立法工作取得了举世瞩目的

第八讲　社会秩序与良法善治：法律视野中的战略性思维

巨大成就。1982年通过了现行宪法，此后又根据客观形势的发展需要，先后通过了五个宪法修正案，2011年宣布中国特色社会主义法律体系已经形成。至2024年6月，我国已颁布现行有效法律303件[①]。

2020至2021年，中共中央印发《法治社会建设实施纲要（2020—2025）》，中共中央、国务院印发《法治政府建设实施纲要（2021—2025）》，提出了我国中长期法治建设目标，即2035年基本建成法治国家、法治政府、法治社会。

当前，无论是"一带一路"还是人类命运共同体，在我国不断走向全球化、全球治理中心的过程中，无疑需要大量涉外法治人才。但我国当前无论是涉外法治人才，还是国际治理人才，都比较匮乏。所以习近平总书记提出：坚持统筹推进国内法治和涉外法治。[②] 这就需要培养一大批高水平国际法治人才，这就要求抓紧国内法域外适用法律体系建设，加强国际法研究和运用，提高涉外工作法治化水平，更好地维护国家主权、安全、发展利益，为全球治理体系改革和建设提供中国方案。

人类不但需要秩序，更需要公平正义的秩序。梅因在《古代法》中还有一个著名论断："所有进步社会的运动，到此处为止，是一个'从身份到契约的运动'。"契约法要求用法律约束权力，其最核心的价值是人人平等。从身份法到契约法的时代，最后可能的归宿就是良法善治。从国内的良法善治，到国际社会的良法善治，兴许是国际社会秩序演进的必然趋势，然而全球化背景下的不均衡而引发的政治极化以及气候变

[①] 包括宪法1件，宪法相关法52件，刑法4件，民商法25件，行政法97件，经济法85件，社会法28件，诉讼与非诉讼程序法11件。

[②] 习近平总书记指出，60多年前，我们提出和平共处五项原则，得到国际社会广泛认同和支持，成为国际关系基本准则和国际法基本原则。

战略性思维：竞争、合作与全局意识

化等灰犀牛事件严重掣肘了国际法治前进的步伐，需要各国克服自身利益局限，面向未来才有实现的可能。在价值观"诸神竞争"的当下，良法善治无疑自带几分理想的浪漫主义色彩，但无论如何应成为人类毕生追求的彼岸。

拓展阅读书目

1. 威廉·戈尔丁：《蝇王》，龚志成译，上海译文出版社 2009 年版。

2. 刘慈欣：《超新星纪元》，重庆出版社 2009 年版。

3. 富勒：《法律的道德性》，郑戈译，商务印书馆 2005 年版。

4. Lon L. Fuller. Positivism and Fidelity to Law：A Reply to Professor Hart. Harvard Law Review，Vol. 71，No. 4 (Feb.，1958)，pp. 630－672.

5. Kenneth I. Winston. The Principles of Social Order：Selected Essays of Lon L. Fuller. Duke University Press，1981.

6. 哈特：《法律的概念》，张文显译，中国大百科全书出版社 2003 年版。

7. 哈特：《法律、自由与道德》，支振锋译，法律出版社 2006 年版。

8. 霍布斯：《利维坦》，黎思复、黎廷弼译，商务印书馆 1985 年版。

9. 洛克：《政府论》（上下篇），瞿菊农、叶启芳译，商务印书馆 2022 年版。

10. 卢梭：《社会契约论》，何兆武译，商务印书馆 2003 年版。

11. 埃里克·沃格林：《秩序与历史》（卷一），霍伟岸、叶颖译，译林出版社 2010 年版。

12. 埃里克·沃格林：《秩序与历史》（卷二），陈周旺译，译林出版社 2012 年版。

13. 埃里克·沃格林：《秩序与历史》（卷三），刘署辉译，译林出版社 2014 年版。

14. 埃里克·沃格林：《秩序与历史》（卷四），叶颖译，译林出版社 2018 年版。

15. 埃里克·沃格林：《秩序与历史》（卷五），徐志跃译，译林出版社 2018 年版。

16. 哈罗德·J. 伯尔曼：《法律与宗教》，梁治平译，中国政法大学出版社 2003 年版。

17. 哈罗德·J. 伯尔曼：《法律与革命：西方法律传统的形成》，贺卫方、高鸿钧、张志铭等译，中国大百科全书出版社 1993 年版。

18. 弗朗西斯·福山：《大断裂：人类本性与社会秩序的重建》，唐磊译，广西师范大学出版社 2015 年版。

19. 弗朗西斯·福山：《政治秩序的起源：从前人类时代到法国大革命》，毛俊杰译，广西师范大学出版社 2014 年版。

20. 弗朗西斯·福山：《政治秩序与政治衰败：从工业革命到民主全球化》，毛俊杰译，广西师范大学出版社 2015 年版。

21. 弗朗西斯·福山：《历史的终结与最后的人》，陈高华译，孟凡礼校译，广西师范大学出版社 2014 年版。

22. 彼得·T. 李森：《秩序：不法之徒为何比我们想象的更有秩序》，韩微、郑禹译，中信出版社 2018 年版。

23. 查尔斯·霍顿·库利：《人类本性与社会秩序》，包凡一、王源译，华夏出版社 1999 年版。

24. 弗里德利希·冯·哈耶克：《法律、立法与自由》（第一卷），邓正来、张守东、李静冰译，中国大百科全书出版社 2000 年版。

25. 弗里德利希·冯·哈耶克：《法律、立法与自由》（第二、三卷），邓正来、张守东、李静冰译，中国大百科全书出版社 2000 年版。

26. 弗里德利希·冯·哈耶克：《自由秩序原理》（上下册），邓正来译，生活·读书·新知三联书店 1997 年版。

27. 塞缪尔·亨廷顿：《变化社会中的政治秩序》，王冠华、刘为等译，沈宗美校，上海人民出版社 2008 年版。

28. 塞缪尔·亨廷顿:《文明的冲突与世界秩序的重建》(修订版),周琪等译,新华出版社 2010 年版。

29. 季卫东:《法治秩序的建构》,中国政法大学出版社 1999 年版。

30. 周天玮:《法治理想国》,商务印书馆 1999 年版。

31. 亨利·基辛格:《世界秩序》,胡利平、林华、曹爱菊译,中信出版社 2015 年版。

32. 罗翔:《圆圈正义》,中国法制出版社 2019 年版。

第九讲　数据赋能：AI时代中的战略性思维

赵　辉

课程视频

赵辉老师

第九讲　数据赋能：AI时代中的战略性思维

题记：

推动战略性新兴产业融合集群发展，构建新一代信息技术、人工智能、生物技术、新能源、新材料、高端装备、绿色环保等一批新的增长引擎。

——习近平

一、信息和AI时代的前世今生

我们将从战略性角度审视一下现代信息技术和计算机的前世和今生，即从"辅助数学计算的工具"到"决定战争成败的一种装备"的发展和转变。

（一）前世：工具到武器的转变

首先，让我们来思考一个问题："IT的含义是什么？"看到这个题目，大部分读者也许首先联想到的是一个台式计算机，或者一个笔记本电脑，当然也可能是一部智能手机或者一个平板电脑。

然后，让我们再思考另外一个问题："人类制造的第一台计算机是什么？"目前市面上和网络上的大部分数据和资料，在涉及这个问题时，应该都会提及ENIAC这个专有名词。根据目前流行的计算机史料，ENIAC产生于第二次世界大战前后的美国，其目的是进行与弹道和核武器等相关的复杂数学计算。

不过，在本讲的一开始，让我们深入地来分析一下，以上这些信息的准确性。

在硅谷的中心，有一个专门的计算机历史博物馆，在其入口的醒目位置的展牌上，写着"计算机：2000年的历史"。由此可见，广义上的计算机其实已经有了近2000年了。

宏观来说，人类自原始人算起，就发明了各种工具和设备，来延展人的体力；同时，人类也一直在进行各种尝试和努力，利用工具和设备来帮助自己进行那些复杂的、容易出错的计算任务，从而来延展人的脑力。比如，作为四大文明古国之一的中国，曾经发明了算筹和算盘等计算设备和工具。

其实，根据考古发现，更早的时间之前，在两河流域的部分地区，以及地中海的古希腊地区，也发现了和中国算盘颇为类似的计算工具，它们是用铜或者木头加工而成的。不过，对比起来，我们中国的算盘更胜一筹：因为中国的算盘有专门的"口诀"，它就相当于计算机的"软件"，可以更好地发挥算盘这个"硬件"设备的潜力和威力。

以上的两种古代计算工具——算盘和算筹，一般被科技史和计算机历史学家归类为"古典计算机"。当时间进入到17和18世纪，伴随着第一次工业革命的来临，人类进入了机械计算机时代，以帕斯卡、莱布尼茨和查尔斯·巴贝奇等为代表的数学家和科学家，为了进行和天文、航海、以及一些数学基础表格相关的复杂计算，利用齿轮，研制了一系列的"机械齿轮"计算机（如图9-1），这些前人的工作，奠定了后来计算机科学理论的基础。

第九讲 数据赋能：AI时代中的战略性思维

图 9-1 查尔斯·巴贝奇的差分机（于旧金山的计算机历史博物馆）

从实际应用情况来看，以上提及的这些"机械齿轮"计算机，要么没有真正地最终研制成功（如查尔斯·巴贝奇的差分机和分析机），要么虽然研制成功了，但是没有被大范围地推广和使用。分析其背后的原因，其中一个主要的原因就是：这些计算机没有和国家战略发展产生直接关系，仅仅是给那些从事和数学相关计算的人作为一种辅助工具而设计和使用。

因此，从战略性思维的角度来看，真正促进和推动现代IT和计算机发展的是军事和战争的需要。恩格斯曾经专门讨论过军事和科技的关系，他十分重视军事和科学技术的相互作用。一方面，他看到了科学技术对军事的重要影响作用；另一方面，他也看到了军事对科学技术的发展所起的推动作用。两次世界大战，特别是第二次世界大战，对现代IT和计算机发展的推动和促进，确实印证了恩格斯以上观点的正确性，即正是因为战争的需要，包括对通信（如情报搜集和作战指令的下达）的及时性和准确性的需要、对复杂数学计算（如弹道计算和核模拟等）的速度和性能的需要，推动了现代信息技术的突飞猛进的发展。

（二）今生：竞争到合作的轮回

现在，我们再来看一下现代信息技术（包括计算机技术）的今生。

第二次世界大战结束后，现代信息技术得到了飞速的发展。从现代计算机的构成元器件的角度来看，经历了电子管、晶体管、集成电路等几代的发展；从应用领域和范畴来看，经历了从数学和科学计算到商业计算，进而到个人计算。同时，互联网、移动通信、移动互联网和物联网等现代通信技术也不断涌现。最近又有"万物互联、万物计算"的理念被提出。信息技术专家也总结出了"无处不在、无时不在和无所不能"的现代信息技术发展脉络和轨迹。

现代信息技术已经深入渗透和应用到我们生活和工作的各个领域和方面，普遍被认为是继"以蒸汽机为代表的第一次工业革命""以电力和电气为代表的第二次工业革命"后的第三次工业革命的核心驱动力量之一（如图 9-2）。

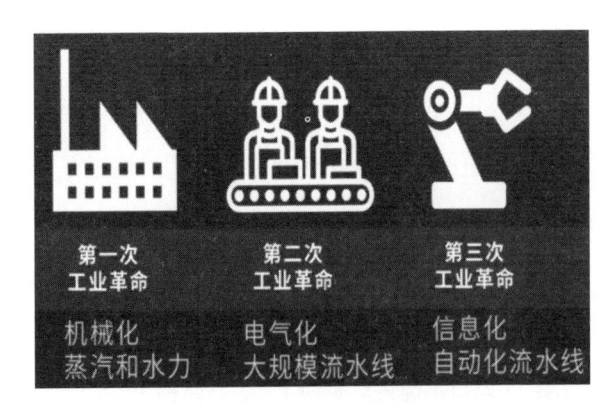

图 9-2　三次工业革命及其影响

综合以上介绍，既然我们每个人都已身处此次"信息洪流"的巨变之中，如何抓住机会，把握机遇，迎接这次浪潮带来的挑战呢？以下将围绕着"竞争"和"合作",从四个角度(即个人计算机、网络空间安全、互联网和人工智能)来详细地阐述"战略性思维"。

二、竞争思维:个人计算机和网络空间安全的视角

下面我们将从个人计算机和网络空间安全这两个视角来阐述竞争思维。

(一)个人计算机的视角

个人计算机(Personal Computer,简称PC)萌发于1960年代末,出现在1970至1980年代,在1990年代达到巅峰期。

近十多年来,因为智能手机和平板电脑等移动设备的出现,传统的个人计算机(如台式机、笔记本计算机)等发展受到了一定限制和约束。但是,换一个角度,也可以认为智能手机和平板计算机,是广义上"个人计算机"的延续和发展。正如一些计算机专家所称的"后PC时代"。

PC首次被命名为产品商标,源于IBM公司于1980年代初推出的一个台式机产品(如图9-3)。当时IBM公司虽垄断了全球计算机半壁江山以上的市场份额,特别是商用计算机的各种大、中和小型机的市场,但苹果公司针对其空缺的家用计算机市场推出了一系列产品,已经对其垄断地位造成了挑战和威胁。从这个角度上说,个人计算机的产生就源于"竞争"。

战略性思维：竞争、合作与全局意识

图 9-3　IBM 公司的 PC 产品

不仅个人计算机的产生源于"竞争"，其发展也充满了竞争。举例来说，在以上苹果公司和 IBM 公司的竞争中，IBM 公司采用了产品设计和实现上的"外包"式策略，即硬件产品中最核心的 CPU 部件，采用了购自英特尔公司的 80×86 系列芯片，而软件产品中最核心的操作系统，采用了购自微软公司的 DOS 系列（后来升级到了 Windows 系列）。从而间接促使英特尔公司和微软公司成为实际上个人计算机市场的最大赢家，被业界称为"Wintel"联盟，并且至今仍占据着个人计算机市场最主要的份额之一。

从企业的战略性思维角度来说，既可以说是"鹬蚌相争，渔翁得利"，也可以说是"螳螂捕蝉，黄雀在后"。另外一个经典的案例，来自苹果公司和微软公司的竞争。两家公司因为图形用户界面（即 Graphic User Interface，简称 GUI）所导致的知识产权之争，甚至上诉到了法院。GUI 最早是由施乐公司研发的，苹果公司首先将其产品化和商业化到了其经典的 Macintosh 个人计算机中，而微软的 Windows 操作系统也采用了 GUI 界面，从而使基于鼠标的"移动和点击"式操作，代替了传统的、不方便的、基于命令的纯键盘式操作。

有很多电影和纪录片，对以上两个案例做了详细的描述和介绍。如

2011年的纪录片《史蒂夫·乔布斯：亿万富翁嬉皮士》（*Steve Jobs: The Billion Dollar Hippy*）、2015年的电影《史蒂夫·乔布斯》（*Steve Jobs*）、2015年的纪录片《史蒂夫·乔布斯：机器人生》（*Steve Jobs: The Man in the Machine*）等。在这里，我们推荐一部早期的电影《硅谷海盗》（*Pirates of Silicon Valley*），它拍摄于1999年，改编自一本讲述PC浪潮的发源和发展的书——《硅谷之火》。它描述了两位著名的大学退学生——史蒂夫·乔布斯和比尔·盖茨，他们分别从里德学院和哈佛大学退学后，各自与自己的朋友创办了苹果公司和微软公司，进而获得了巨大成功的故事。电影名称里出现了"海盗"，不仅是因为影片中数次出现了"海盗旗"和"海盗口号"，更是因为以上提及的GUI产权之争。

除了以上两个案例，其他充满了战略性思维的启发型案例还有很多。比如戴尔公司的产品设计和营销策略，又如当年中国的联想公司收购IBM公司的PC品牌等。这些案例都可以从"竞争"的视角进行分析。请感兴趣的读者，自行搜索资料，并展开思考和总结。

（二）网络空间安全的视角

网络空间安全，是"cyber security"的翻译。其中的"cyber"，音译为"赛博"。一般认为其来源于1948年科学家诺伯特·维纳所发表的《控制论》一书，他特意创造"cyber-netics"这个英语新词来命名这门科学。而如果进一步溯源，有哲学家认为，维纳的"控制论"一词最初来源希腊文，原意为"掌舵术"。比如，在古希腊哲学家柏拉图的著作中，经常用它来表示"管理人的艺术"。由此可见，它和"战略性思维"有着密切的关系。此外，"security"，即安全的溯源，一般认为，其最早的产生是和密码学密不可分的。最早的密码技术，可以追溯到古罗马

战略性思维：竞争、合作与全局意识

时期的凯撒。据说，最早用于战争中安全通信的"凯撒密码"，就是由凯撒亲自设计的。由此可见，"安全"也和"战略性思维"有着密切的关系。

"没有网络安全就没有国家安全"，习近平总书记高瞻远瞩的话语，为推动我国网络安全体系的建立，树立正确的网络安全观指明了方向。2014年，中央网络安全和信息化领导小组成立，集中统一领导全国互联网工作。在中央网络安全和信息化领导小组的指导下，我国不断完善网络安全工作顶层设计，有效治理网络空间乱象，在保卫人民群众信息安全方面，取得了一系列瞩目的成就。在2016年12月，《国家网络空间安全战略》发布，确立了网络安全的战略目标、战略原则和战略任务。2017年6月1日起，《中华人民共和国网络安全法》正式施行（如图9-4），是我国网络安全领域首部基础性、框架性和综合性的法律。

图9-4 《中华人民共和国网络安全法》颁布

随着网络的发展，特别是移动互联网（如近几年的5G网络）的发

展,网络空间安全领域的竞争也越来越多,越来越激烈。它既体现普通个人用户层面的竞争和保护,也有国家战略层面的竞争和防护。

首先,具体到普通个人用户层面,当前个人数据的隐私保护问题,以及如何防范来自网络空间的诈骗等问题,依然严峻。究其本质,其实就是——普通个人用户和各种商家等合法利益集团,以及和诈骗团伙等非法利益集团之间的竞争和博弈。

其次,具体到国家战略层面,近年来有数起著名的、涉及国家网络空间安全的事件。如,2010 年 11 月,一种名为震网的计算机蠕虫病毒,对伊朗网络系统实施了攻击,导致了伊朗核基础设施网络的瘫痪。又如,2015 年 12 月,乌克兰电网因为受到了恶意软件的攻击,突发了大范围的停电事故。而其中最为知名、影响最为深远的,当属发生在 2013 年的"斯诺登事件"。

有很多电影和纪录片都对"斯诺登事件"有过描述和介绍。如 2015 年的纪录片《斯诺登的大逃亡》(*Snowdens store flugt*)和 2016 年的电影《斯诺登》(*Snowden*)等。这些影视作品详细描述了事件的始末:由美国国家安全局(NSA)牵头,微软、苹果和谷歌等 9 家国际网络巨头参与其中的"棱镜计划"公布于众。在该计划中,美国当局正在全球范围展开网络和信息监听。

三、合作思维:互联网和人工智能的视角

以下我们将从互联网和人工智能这两个视角来阐述合作思维。

战略性思维：竞争、合作与全局意识

（一）互联网的视角

关于互联网的产生根源，一般有两种说法。其一是和冷战相关，即美国为了防止美苏争霸导致的核战争破坏其通信网络，专门开发了基于分组转发、名为 ARPANET 的军方通信网络，后来它被转为商用和民用，进而发展成了互联网。其二则是为了便于科研机构和大学之间展开学术交流和合作而共享资源。

抛开以上关于"互联网的产生根源"的不同观点的争论，在互联网的蓬勃和飞速发展时期，合作思维的的确确是主流思想。具体表现有以下两个方面：

其一，体现在其"开放、免费和盈利"的商业模式上。一般认为，是雅虎公司确立了以上这个互联网行业的游戏规则，进而成为几乎所有主流互联网公司的主要商业模式。有时候，它也被俗称为"羊毛出在狗身上，猪来买单"。雅虎公司是由华人企业家杨致远（他在攻读博士学位期间从斯坦福大学退学）和其同学一起创立的。雅虎公司开启了最早的门户网站，通过在网页中投放商家的广告来盈利，而对使用其服务的客户是免费的。以上商业模式，确保了自身、商家和客户各取所需，实现了真正意义上的合作和共生。该商业模式后来被其他互联网公司，如以搜索引擎起家的谷歌、以社交平台起家的 Facebook 等进一步延续和发展，进而被国内诸多互联网公司，如搜狐、新浪、网易和百度等学习和使用。

其二，在诸多互联网的应用领域中，电子商务无疑是最成功的之一。无论是 B2B 或者 C2C 等模式，电子商务平台的提供商（如国外的亚马逊和 eBay、国内的京东和淘宝等）和在其上运营的商家，是一种典型的合作模式。

第九讲 数据赋能：AI时代中的战略性思维

有很多电影和纪录片都对以上"合作思维"在互联网中的应用做过描述和介绍。如2010年的电影《社交网络》（*The Social Network*）、2014年的纪录片《互联网时代》和《商战之电商风云》等。这些作品详细描述了互联网的产生和发展，也蕴含了"战略性思维"的应用案例。

（二）人工智能的视角

人工智能，即AI（Artificial Intelligence），早期被称为机器智能。如果溯源的话，早在前面提及的机械计算机时代，莱布尼茨，以及曾协助查尔斯·巴贝奇研制差分机和分析机的阿达（Ada Lovelace，英国著名诗人拜伦的女儿，被誉为人类第一个程序员）就对"制造一台机器设备，并让其有类似于人的智力"的问题进行过思考。而真正以"机器智能"为题，公开发表学术论文的，是被誉为计算机科学之父的阿兰·图灵。他在1950年发表了论文《计算机器和智能》（Computing Machinery and Intelligence），该文章的标题提出了"机器智能"，并且该论文第一节的标题是"模仿游戏"（后来也被称为"图灵测试"）。而人工智能，即"Artificial Intelligence"，是在六年后的1956年的夏天，由克劳德·香农、马文·明斯基等AI先驱在美国的达特茅斯召开的学术研讨会上提出的。

经过近60多年的发展，AI历经了几次起落，取得了一次又一次的突破。其中，大众比较熟悉的事件包括：1997年5月，IBM公司研制的深蓝（Deep Blue）计算机战胜了国际象棋大师加里·卡斯帕罗夫（Garry Kasparov）；2016年3月，AlphaGo以4比1战胜了韩国职业九段棋手李世石；进而在2017年5月，在中国乌镇围棋峰会上，它又与排名世界第一的围棋冠军、来自中国的柯洁对战，最终以3比0的总比

战略性思维：竞争、合作与全局意识

分获胜。最近最为流行的是 ChatGPT 和文心一言等大型语言模型和工具的应用和推广。

随着计算机硬件性能的提高，以及深度学习、大数据、物联网和移动互联网的发展，人工智能的三大支柱"算力—算法—数据"，在近几年有了显著的提升，而且也在不断扩大着它的应用领域，包括医疗、法律、交通和艺术等各个方面。这些都实现了人的智能和人工智能的"合作"和共生。

有很多电影和纪录片都对以上"合作思维"在 AI 中的应用做过描述和介绍。如 2019 年的纪录片《大数据时代》，2017—2019 年的真人秀电视节目《机智过人》，2014 年的传记电影《模仿游戏》（*The Imitation Game*），以及 2013 年的科幻电影《她》（*Her*）等。这些作品详细描述了人工智能的产生和发展，以及其中蕴含的诸多"战略性思维"的应用案例。

电影《模仿游戏》不仅展示了早期的现代计算机是如何在第二次世界大战的密码战中产生的（呼应了前面的"网络空间安全"角度下的"竞争思维"），也展示了阿兰·图灵对机器智能的开创性思考。由此，阿兰·图灵也被誉为"人工智能之父"。

《机智过人》真人秀电视节目是国内首档聚焦智能科技的科学挑战类节目，定位于"科技改变生活，创新引领未来"。节目网罗了国内 20 多项顶尖人工智能技术，通过"人机比拼"这一充满悬念和趣味的方式，来普及人工智能前沿科技知识，展现我国人工智能发展的水平，让观众充分感受到科技给生活和未来带来的影响。

在本讲中，我们围绕着"竞争"和"合作"，从四个角度（即个人计算机、互联网、网络空间安全和人工智能）来详细地阐述"战略性思维"。其中，就"竞争思维"，我们是从个人计算机和网络空间安全两个角度进行论述的；就"合作思维"，我们是从互联网和人工智能两个角度进行论述的。实际上，反之也可以进行论述，即"竞争思维"也可以从互联网和人工智能的角度进行论述；"合作思维"也可以从个人计算机和网络空间安全的角度进行论述。由于篇幅关系，这里不再展开论述和分析，欢迎读者自行进行资料搜索和思考分析。

拓展阅读书目

1. 张捷：《网络霸权——冲破因特网霸权的中国战略》，长江文艺出版社2017年版。

2. 腾讯研究院等：《人工智能——国家人工智能战略行动抓手》，中国人民大学出版社2017年版。

3. 吴军：《浪潮之巅》（第三版），人民邮电出版社2016年版。

4. 吴军：《硅谷之谜》，人民邮电出版社2016年版。

第十讲 纵横捭阖：游戏设计的战略性思维

李茂

李茂老师

第十讲　纵横捭阖：游戏设计的战略性思维

题记：

游戏就是一系列有趣决策的组合。

——席德·梅尔

通过带领一个国家走向繁荣，统领一场战争取得胜利，抑或带领一个团队、一家公司实现目标来进行战略性思维的训练和培养，在现实中我们很难有这样的机会。而游戏可以让人们在一个虚拟的场景中进行各类策略的模拟。在潜意识中，部分游戏是进行某些生存能力的训练，以应对未来的挑战。

一、什么是战略游戏？

战略游戏是世界上最古老的游戏形式之一。中国最早有完整形制的游戏"六博"，就被称为是战略游戏，包括与它同时期流行的另一款早期棋类游戏"围棋"。传统的战略游戏大多是棋盘游戏，数千年来，棋盘游戏给予了我们无尽的想象力，我们与对手面对面，互相追逐和攻击，金戈铁马，方寸之间，实现对胜利的追求。

现代电子战略游戏和传统战略游戏的思想一致，只不过更复杂、更有趣。如果给中国象棋一个具体的故事背景、时间空间，以及具体的人物名称，就是一款现代多人在线战斗游戏。相反，也可以将一款现代多人在线战斗游戏抽象化为一款传统卡牌游戏、棋盘游戏。

战略游戏中大多数是策略冲突的挑战，游戏提供给玩家一个可以动脑筋思考问题来处理较复杂事情的环境，玩家自由控制、管理和使用游戏中的人、事、物等各类资源来达到游戏所要求的目标。战略游戏是一

战略性思维：竞争、合作与全局意识

种以取得各种形式胜利为主题的游戏。

战略游戏的题材一般都是在一种战争状态下，玩家扮演一位统治者，来管理国家、击败敌人。其核心元素体现在其经济系统中，包括资源的采集、单位的构建和升级等，在战术上则体现为调动资源以获得进攻优势。

战略游戏通常也被称为策略游戏，英语名称都是"strategy game"。"strategy"的主要释义是计策、规划、部署，以及统筹安排、战略思想。在游戏类别中，策略游戏的概念更广泛，更具有普遍性，往往也涵盖了战略游戏。"strategy"在游戏中被译为战略还是策略，也是完全基于语境。在大多数游戏中，通常都有一个游戏的最终目标，也有一些为实现最终目标而设定的阶段性目标。因此，既有全局的计划和策略，也有实现长远目标的一些具体方案，玩家需要去为实现游戏的最终目标而做出努力。

二、战略游戏有哪些分类？

在游戏中，通常用选择诠释策略，包括对时间、空间的选择，对人、物的选择，对不同游戏资源的选择。不同的选择意味着不同的游戏结果，而选择的依据是尽可能以最高效、最低廉的成本，达到游戏的目标。在电子游戏发展史上，战略游戏逐渐被发展成两种游戏类型：回合制战略游戏与即时制战略游戏。

（一）回合制战略游戏

回合制战略游戏是指所有的玩家轮流进行自己的回合，只有在自己的回合，才能够进行操纵。回合制起源于桌面游戏，如战棋、象棋等，轮到自己下子时，对方不能动，如欧美的魔幻风回合制游戏《英雄无敌》系列等。

回合制战略游戏适合轻度游戏玩家，能使玩家更轻松地选择人物行动和布置策略，电脑的人工智能处于静止状态，而即时制策略游戏是在玩家采取行动的过程中，电脑也在采取行动，需要玩家有良好的操控和敏捷的反应。

（二）即时制战略游戏

即时制战略游戏提供复杂背景、工具、人物、生物等给玩家控制，玩家组织并指挥这些要素进行生产、作战，完成任务。即时制战略不仅要求战斗是即时的，而且要求对于采集、建造、发展等策略元素的应用也是即时的。因此，即时制战略游戏对玩家的考验更大，如全局观点以及各种元素的合理搭配，对玩家也有时间上的压力。

1989年发行在Mega Drive游戏机上的离子战机（Herzog Zwei）算是最早拥有所有即时制战略必要元素的游戏。以策略为主要要素的游戏在其发展过程中，逐渐形成了自己的特点，这些特点被概括为4X模式，即探索（explore）、扩张（expand）、开发（exploit）、征服（exterminate），是玩家对策略游戏感兴趣的几个主要元素。

即时制战略游戏中的一种细分游戏类型是塔防游戏，游戏玩法主要是通过在地图上建造炮塔、建筑物或其他物体，阻止游戏中的敌人进攻，游戏中主要体现进攻和防御的思想。体现塔防思想的游戏如《植物大战僵尸》《炉石传说》等。塔防游戏并不是一种新的游戏类型，在早期的古代棋类游戏中，就已具有进攻与防守的思想。

战略性思维：竞争、合作与全局意识

三、战略游戏发展概要

在人类社会的发展史上，游戏娱乐活动一直是人们日常生活中必不可少的部分。战略游戏又是游戏的主要形式，很多古代竞争激烈的益智类棋盘游戏，都具有战略思想。

（一）传统战略游戏的发展

下面我们详细介绍之前提到的游戏六博，它又称陆博。游戏的道具有棋盘、骰子（箸子）、棋子。棋盘如图10-1所示，棋子共12枚，红、黑两种颜色各6枚，5小1大，同于春秋战国的兵制，象征了当时的战斗棋类游戏。另外有用半边细竹管制成的箸6根，投下之后根据正、反两面的组合行棋。六博通常被认为是中国象棋的鼻祖，也是中国博戏的鼻祖。游戏虽然有多个版本，但本质上都是对战争的模拟和抽象，所以被称为战略游戏。

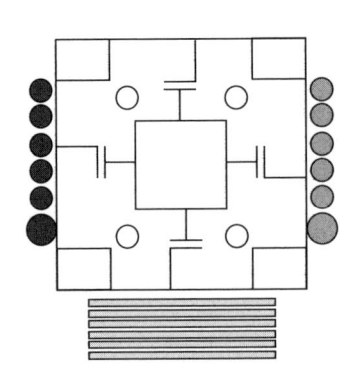

图10-1 六博游戏示意图

班固认为"博悬于投"，说的就是通过掷骰子来决定输赢，而是否

第十讲　纵横捭阖：游戏设计的战略性思维

通过投掷骰子来决定胜负，也成为"博"与"弈"的主要区分。一般认为，当游戏中运气成分大于技巧成分时，该游戏为"博"。当时的"博""弈"主要是指两类游戏，博是指六博，而奕就是指春秋战国时期流行的另一类游戏——弈棋。弈棋的代表是围棋，主要依靠数学、军事学相关知识，而不是依靠运气取胜。传统游戏中称为棋戏的，大多与战略相关。

同时，通过投掷骰子行棋的方式，在后来的社会发展中，也演化出了一些其他的流行游戏。此后的发展可以看作是两条线，一条沿着主要靠运气取胜，一条沿着靠技巧（策略）取胜。喜欢策略的玩家去掉了骰子，六博逐渐演化成为塞，再到格五，以至南北朝时期的象戏，即中国象棋的源头。"象戏之制……盖弹棋、格五、六博之遗意也"（《象戏赋》）。

同一时期的西方，具有战略意义的棋牌游戏之一是雇佣兵游戏，这是罗马军团喜欢玩的游戏。罗马时代的雇佣兵游戏是一款关于战争的双人战略游戏，是在不同大小的网格上进行。与历史上其他游戏一样，在不同时期、不同地域，雇佣兵游戏都存在变体，有多个版本，关于这种游戏最早的记录可追溯到公元前 1 世纪。

而更早的古埃及主流游戏则是赛尼特棋和蛇棋。塞尼特棋是已知最早的棋盘游戏之一，它深受图坦卡蒙法老和拉美西斯二世的妻子奈菲尔塔利王后等杰出人物的喜爱，至今仍然存在。考古和相关证据表明，这款游戏早在公元前 3100 年，埃及第一个王朝开始衰落时就出现了。埃及社会的上层人士和底层穷人都玩这种游戏，差别只在于上层的棋盘华丽，而穷人在石头表面、桌子或地板上划格子当棋盘来进行游戏。

塞尼特棋的棋盘通常由 30 个正方形组成，每 10 个平行排列成 3 排。游戏中两个玩家得到 5 到 7 个相同的游戏币，比赛中把各自所有的

战略性思维：竞争、合作与全局意识

棋子送到棋盘尽头。游戏中是通过投掷木棍或骨头来确定移动方块的数量，玩家力求挫败对手，阻止对手前进，或者是让对手后退，体现的是运气与策略的结合。

现代国际象棋的起源可以追溯到古印度的恰图兰加游戏，它早期的名字指的是军队的步兵、骑兵、战车和战象，是典型的战略游戏。第一次有记录的国际象棋大约在公元 6 世纪，此前恰图兰加可能是四个玩家，扮演帝国的军事武器，互相对抗。棋子的移动方式已经与现代象棋相似，不同之处在于，恰图兰加结合了运气的因素，是通过投掷来行棋，只不过投掷的是木棍。恰图兰加棋在印度东部逐渐演变成了现代国际象棋的前身，并经由伊比利亚半岛传入西欧。到 12 世纪末，国际象棋在法国、德国和苏格兰成为主流游戏，在 15 和 16 世纪女王成为棋盘上最强大的主宰性棋子。

传统战略游戏发展中，还有一款不得不提的战略游戏——战争游戏（德文名叫 Kriegsspiel），最早由普鲁士文职战争顾问冯·莱斯维茨男爵在 1811 年发明，成为流行于欧洲上层社会的娱乐活动。后来，他的儿子约翰在游戏中加入了军事经验和时间概念，增加了现实性，使得规则变得复杂，适合于军事行动的研究，具有军事演习的检验价值，所以在军队中获得支持并在欧洲的军界引起反响。1876 年，战争游戏被进一步改编成了一种自由式军事演习。到 1883 年，战争游戏有了供业余爱好者玩的版本，引起了人们更大的兴趣。

此后，战争游戏在第一次、第二次世界大战中都得到应用，真正体现了它的军事价值。俄国、德国、英国、日本等国的军方都曾利用游戏进行过推演并在战争中得到了验证，战争结局基本与战争游戏的结果相吻合。

早期的一些电子战争游戏，就是照搬了图版战争游戏，它的许多规

则至今影响着电子战略游戏。

（二）信息时代战略游戏的发展

电子技术出现后，很快被应用到了游戏行业。结合电子设备这种新媒介的特点，游戏得到迅速发展，发生了巨大变革，成为一种与之前截然不同的形态。人们习惯将通过视频显示的游戏称为电子游戏，以体现新技术的特点。随着信息技术的发展，人们对于电子游戏表现出更浓厚的兴趣，在这个虚拟的世界，有更好的游戏体验，尤其是对多人的战斗游戏。电子游戏发展到现在，个人电脑和移动设备成为最主要的游戏平台，特别是智能手机。

20世纪40年代，第一台电子计算机的出现，对于电子游戏的发展具有里程碑意义，推动了电子游戏的大众化。1962年，麻省理工学院的程序员在电子计算机上编制出的小软件《太空大战》（*Spacewar!*），成为人类历史上第一个电脑游戏。当时的游戏受条件限制，虽然简单，但也体现了战争的概念。1969年，瑞克·布罗米（Rick Blomme）以《太空大战》为蓝本，编写了一款游戏，支持两人远程连线。而在托尼·莫特（Tony Mott）的《有生之年非玩不可的1001款游戏》（*1001 Vodeo Games You Must Play Before You Die*）中，介绍的第一款电子游戏是《俄勒冈之旅》（*The Oregon Trail*）。这既是一款教育游戏，更是一款优秀的策略游戏，让孩子们学会在游戏中制定计划，在冒险与奖赏之间平衡。游戏中，玩家需要先选择职业，规划自己手中的资源，对家人的健康、温饱，以及对枪支弹药的购置规划等做出全局的考虑。

早期电子游戏史上的一些经典之作，如1978年的《太空侵略者》（*Space Invaders*）、1979年的《小蜜蜂》（*Galaxian*），以及南梦宫1981年的《大蜜蜂》（*Galaga*）等，都是以"战斗"为概念，在游戏中突出一定

战略性思维：竞争、合作与全局意识

的策略思想。1983 年，自由落体公司的《执政官》（*Archon*）引入了对后世战略性游戏有着巨大影响的即时战斗系统。雅达利 1983 年的《星球大战》（*Star Wars*）、1990 年的《城堡防卫战》（*Rampart*），都是具有很强策略性的游戏。而 1991 年，Microprose software 公司推出的《文明》（*Civilization*），成为战略游戏的经典，它的系列续集，也续写着经典的传奇，它的设计者席德·梅尔（Sid Meier）因此成为战略游戏爱好者的偶像。

1992 年，Westwood studios 公司出品的《沙丘Ⅱ》（*Dune* Ⅱ），是一款多平台战略游戏，一举开创了即时战略游戏的热潮，玩家很快迷上了以上帝视角经营自己基地再派出坦克大军与 AI 或真人对手决一死战的快感。《沙丘Ⅱ》被作为即时战略游戏的范本，出现在《沙丘Ⅱ》中的许多要素，诸如各有特色的势力、资源收集、科技树等，直到今天也被认为是即时战略游戏的基本内容。它为即时战略游戏打下了坚实基础，给后来的同类游戏确定了一个大框架，也是 Westwood 最成功的游戏《命令与征服：红色警戒》（*Command & Conquer：Red Alert*，以下简称《红色警戒》）的源头。1995 年，同样来自 Westwood studios 公司的《命令与征服》，是一款多平台策略游戏，是即时战略游戏集大成的史诗级巨作，利用当时最先进的 PC 技术，对《沙丘Ⅱ》进行了拓展和推广，《红色警戒》也是在此基础上衍生的。

此后，暴雪娱乐的《魔兽争霸 2：黑暗之潮》 （*Warcraft* Ⅱ：*Tides of Darkness*），Westwood studios 的《红色警戒》，Ensemble studios 的《帝国时代》（*Age of Empires*），都成为电子游戏史上战略游戏的经典，技术上的飞跃也促进了电子游戏的发展。1998 年，暴雪娱乐又发布了《星际争霸》（*StarCraft*），这款划时代的即时战略游戏，首次采用了斜 45°视角而不是顶视角，使得游戏细节更加丰富，视角也更加自然。《星际争霸》非凡的平衡性让《星际争霸》常年保持 WCG 竞赛项目的位置。此外，Relic Entertainment 公司开发了史上第一款带有"Z 轴"概念的即时战略 3D 游戏——《家园》（*Homeworld*），复杂的三轴操作使得《家园》系列成为史上最难的即时战略游戏之一。

2014 年开始，移动互联网进入全面发展阶段。随着移动通信网络的全面覆盖，战略游戏的移动版开发计划摆在了游戏厂商的案头。具有触摸屏功能的智能手机的大规模普及应用，解决了传统键盘机上网的众多不便，移动互联网应用呈现了爆发式增长。在移动通信网络技术的支撑下，手机游戏之前面临的一些困难得到了突破。尤其是战略游戏，获得了发展机会，主要厂商也围绕手机游戏制定新的开发战略。智能手机的进一步普及，使战略游戏更加大众化，不再是局限于 PC 端的部分群体。

四、策略与选择：经典战略游戏实例解析

在游戏发展史上，有相当一部分经典作品是战略类游戏，这里选择《文明 6》（*Civilization* Ⅵ）与《云顶之弈》（*Teamfight*）两部电子游戏，结合游戏中的具体细节，来解释游戏中的战略与策略思想。

（一）战略思想与《文明 6》

最早的《文明》游戏发布于 1991 年，对后来的策略游戏影响深远，成为策略游戏中的经典和难以逾越的高峰。《文明》游戏前后共发布多款系列产品，其中《文明 6》是最新版本，也是中国用户相对熟悉的一款。

战略性思维：竞争、合作与全局意识

在《文明6》游戏中，玩家需要选择一个真实的世界文明（如中华文明、玛雅文明、印度文明等）来开始游戏，通过不断地探索、建造、科技研究、资源生产，以及启动战争、实行外交、促进文化等手段，创建及带领自己的文明从石器时代迈向信息时代，并成为世界的领导者，这就是游戏的目标。从最先代的移民，到一个鼎盛的帝国，游戏内容涉及天文、地理、科技、宗教等，博大精深。

在《文明6》游戏中，玩家需要扮演历史上真实存在的文明的一位领袖，通过各种策略发展壮大自己的文明并达成一定的目标以获得胜利。游戏共有五种胜利方式（见表10-1），分别对应游戏的五项系统。

表10-1 《文明6》中的五种胜利方式

胜利名称	胜利方式
统治胜利	占领所有其他文明原始首都
宗教胜利	本文明创立的宗教成为世界的主流宗教
科技胜利	达成科技胜利目标
文化胜利	旅游人数达到胜利标准
外交胜利	获得20点外交胜利点数

由于分析的是战略思想在《文明6》中的运用，因此我将战略思想的含义拓展为"在《文明6》单人游戏中取得胜利的方法论"，之后的内容都围绕这一定义展开。在游戏开始前玩家即可得知自己扮演的领袖特性以及所代表的文明特色技能，根据这些技能玩家可以对游戏过程进行规划。利用好自己的优势是取得胜利的关键。

玩家对本局游戏有心理预期之后需要侧重不同方面的发展：统治胜利侧重军事；科技胜利重视学院建设；宗教胜利需要抢先创建并传播宗教；文化胜利需要重视文化伟人与奇观建设。战略思想的运用在统治胜利中至关重要。

第十讲 纵横捭阖：游戏设计的战略性思维

以蒙古素材局为例，取得统治胜利最主要的手段就是用军队攻占其他城市。蒙古的骑兵单位比较强势，在游戏中骑兵单位一大优势是其移动力高于其他兵种，能攻能退，可以在城市建立城墙防护前抢先攻占他国城市。游戏中有围城机制，当一座城市被包围时城市的生命值不会在回合结束时回复，因此本局主要攻城思路就是前期靠骑兵强攻他国首都，中期依靠骑兵高机动进行围城与掠夺，等待攻城与近战单位破城。

但本局中前期发现邻国准备在我方首都附近建立第一座分城，我方军事力量高于邻国开拓者护卫，因此我方直接发动突袭靠初始单位占领第一座首都。

初始首都拥有很高的生产力加成，前期占领一座他国首都可构成巨大优势，加上之前生产和抢来的开拓者，我方在远古时代就已经有四座城市。而且这座首都附近拥有高科技值加成，可以帮助我们更早解锁骑兵。需要注意的是占领他国原始首都会减少外交支持点数，因此很难中途转为科技胜利，在国际会议中也很难通过想要的议案；此举同时还会加重他人对我们的不满，可能导致他人直接出兵进攻我们。

谴责状态下五回合后可通过战争借口减轻他人对我们战争行为的不满（波斯喜欢突袭的文明，因此没有这个问题），在解锁骑兵后很顺利地又占领了巴西的首都。攻占巴西首都之后迎来一个喘息的机会，利用文明特性，探索地图的同时发展出通往他国的商路，为后续进攻做准备。到工业时代依靠科技优势轻松占领了波斯首都。

前期的生产力优势已经把雪球滚起来了，科技优势已经非常大，所以我们开始建造海军单位并开始让陆地单位渡海。东罗马首都没有城防，所以先从东罗马下手。在外交菜单中可以看到德国与东罗马的关系很糟糕，因此可与德国达成战争同盟，形成夹击。拿下东罗马后顺便拿下德国，游戏在 1500 年代结束。

战略性思维：竞争、合作与全局意识

（二）《云顶之弈》——用战略性思维打好云顶之弈

《云顶之弈》是游戏《英雄联盟》中一个全新的回合制战略游戏模式，2019年正式上线简体中文服。在《云顶之弈》模式中，每局比赛玩家将和其他7位对手来到同一个战场，进行一对一决斗，开展一场各自为战的博弈对抗，直到场上只剩下最后一名玩家。获胜关键是在合理的战术策略下从随机化的英雄池中选择最佳的英雄阵容，用装备对阵容进行强化，并构建优势对战阵型，构筑并强化玩家的终极团队。招兵买马，融合英雄，提升战力，排兵布阵，综合应用各种策略，成为最终立于战场上的赢家。

1. 从全局视角确定游戏目标

在《云顶之弈》的游戏过程中，首先要明确自己的游戏目标，再根据目标确定到达目标的策略。

在《云顶之弈》中主要存在两大目标，一个是追求单局获得第一名的位置，即存活到最后，另一个就是获得更高的段位。在《云顶之弈》的段位计算中，只要单局名次在前四名即可获得分数，于是在游戏过程中的选择就会出现分歧，如果追求获得第一名则必须考虑游戏后期的战力问题，如果只是想要获得分数则需要提高即时战力。如果在前期保证较高血量，进入游戏后期即使战斗力难以与其他玩家相抗衡，依靠高血量带来的高容错，也足以等待其他低血量玩家优先出局，获取点数。

2. 根据对局情况进行最符合目标的选择

在战力已经难以同其他玩家抗衡，右侧的血量大概失败两局就会出局时，为了实现争取第一名的目标，必须尽快追求更高的战斗力，这个时候的选择有两个：一是直接在目前等级搜索卡牌，二是升级后再搜索卡牌。在目前的等级提升战力的路径，只有凑齐九个同样的棋子进而合成三星棋子,这是很难的。但如果此时升级,就可在棋盘上获得一个棋子位置,看羁绊情况可知,有三个羁绊都仅差一人即可获得更高的加成,并且在到达九级后五费棋子的出现概率会更高,两个一星棋子晋级为银色棋子的概率也会更高,从而可以更快地提升战力。

在又一局失败后,成功找到二星塔姆,获得了战斗力,稳住局势,并且塔姆提供的大量装备和金币也进一步支撑走向胜利。

3. 开局装备选择

在游戏开始时,每位玩家可以抢夺一个带有一件基础装备的棋子,八个棋子会以顺时针方向不断移动,玩家将会获取优先触碰的棋子。根据版本情况,开局选择暴风大剑会拥有更多的选择,多个版本强势阵容都需要其合成的装备,并且以其为基础合成的夜之锋刃适用性极高,因此成为第一选择。此时场上有两把大剑,带有大剑的棋子距离我们的玩家最近,是毫无疑问的第一选择。

每一位战略游戏的参与者,运筹帷幄之中,决胜千里之外,运用智慧与谋略,进行判断与选择。对于战略性思维的训练和培养,游戏为我们提供了一个独特的场景,弥补了现实的不足。

拓展阅读书目

1. 蔡丰明:《游戏史》,上海文艺出版社 2007 年版。

2. 崔乐泉:《忘忧清乐——古代游艺文化》,江苏古籍出版 2002 年版。

3. 罗新本、许蓉生:《中国古代赌博习俗》,陕西人民出版社 2002 年版。

4. 约翰·赫伊津哈:《游戏的人:文化的游戏要素研究》,傅存良译,北京大学出版社 2014 年版。

5. 丹尼尔·培根:《桌面游戏》,马丽君译,辽宁少年儿童出版社 2012 年版。

6. 伊凡·莫斯科维奇：《迷人的数学》，佘卓桓译，湖南科学技术出版社 2016年版。

7. Katie Salen Tekinbas，Eric Zimmerman. Game Design Fundamentals. The MIT Press，2003.

8. 亚当斯等：《游戏设计基础》，王鹏杰等译，机械工业出版社 2009 年版。

9. 大卫·库什纳：《DOOM 启示录》（纪念版），孙振南译，电子工业出版社 2015 年版。

10. 李茂：《游戏艺术：从传统到现代的发展历程》，清华大学出版社 2019 年版。

第十一讲　中和之道：战略性思维的哲学之维

梁中和

课程视频

梁中和老师

第十一讲　中和之道：战略性思维的哲学之维

题记：

君子和而不同，小人同而不和。

——《论语》

战略性思维其实是一种分文化和地域的思维，因为它是人类自然语言当中产生的。也就是说我们的思维严重依赖我们的自然语言，比如英语、德语、法语、中文。我们在用这样的语言进行思考的时候，这些语言背后所带有的文化，会影响到这类型思维的发挥和发展。我们这一讲主要介绍西东方思维的差异，以及它整体的战略性的意义和意义构成的方式。特别是讲讲我们的思维有什么不一样，要强调的是我们的思维其实是目前解决世界冲突，促进多元共存的重要的战略性思维模式。

一、西方的思维：对立下的张力

我们40多年来国际化程度很高，年轻人的学习内容也很多元，西方的思维已经被很多中国年轻人所习得。那么我们现在先来看一下，西方的思维方式是怎样的。

第一，我们可以这样来描述它，西方的思维非常擅长在张力之下寻找动力。比如说，他们会认为世间的一切有一种普遍的对立。从古希腊开始就已经开始思考最重要的哲学问题，如一与多的关系、善与恶的关系、美与丑的关系。大家发现了只要有对立的建立，就会形成某种动力。比如，多就会趋向于一，我们看到繁杂的现象，就想看到背后有哪些统一的东西，这叫从多到一，也就是从现象到本质的一种思维方式。

善和恶的对立，就是从恶走向善的过程，弃恶向善的过程。那么善和恶一旦区分开，就有了一种去恶向善的驱动。美和丑也是这样，所有的审美活动都是从丑的变成美的，从不太美的变成更美的。所以普遍对立的建立就形成了一种从低到高，从弱到强，从小到大，从坏到好的价值的追寻。这种价值追寻在认识论上规定了，西方人要透过现象认识本质；在道德行为上面规定了，西方人要弃恶向善。但是要注意，他们会承认有一个恶是绝对的恶，或者说有恶的性质。在西方有些思想当中恶有自身的本性，那就有了一个弊端。因为恶有本性的话就无法克服，人们就只能在善恶之间徘徊摆荡，成了一种居间性的存在。美和丑也一样，西方的审美活动是趋向于美而远离丑的。但这样一来的话，我们会发现它有一个掣肘的东西——向善过程中总是会受到向恶的倾向的羁绊，向美的过程当中总是会有丑的羁绊，在向一的过程当中总是会有多的干扰。因此，这两个对立之间总是相互矛盾、相互冲突，这是他们的思维最基本的一个特征。

第二，他们认为世间的万物都是有流变的各种各样的现象。但是背后肯定有一个不变的实体，这个实体才是真正存在的东西。所以他们看低所有在变化当中的事物，而要寻找那个不变的实体。比如，从巴门尼德开始，他们认为真正的实体就是那个不动、不变、不会分裂、统一完整的那种原初的东西。那个东西才是真正的存在。而一切流变的都不是真正的存在，也就是说我们看到的在时空当中的现象都不是真正的存在。那这样一来的话，真正的存在是什么呢？就是柏拉图后来发展出来的"理念世界"，那个本质的世界，才是真实存在的。而所有其他的这些现象，包括我们自己，这些一个个的个体，都只是流变当中的现象，都不是那么重要，在价值上是其次的。而最根本的，那个最重要的实在才是永恒的、值得追求的东西。所以这样一来的话，我们就会看到他们尊重普遍性，但是在一定程度上贬低了个体性。虽然我们现在说，西方人是个人主义的，但实际上他们的根本学说里面是看轻个体的，是要去追求那个普遍的、一致的、统一的东西。这个是它的第二个特点。

第三，在这种普遍性的压力之下，个体有可能被湮灭掉，个体有可能价值就得不到彰显，怎么办呢？他们就发起了一场运动，叫作"拯救现象"。所谓"拯救现象"的运动就是给个体以价值和尊严，也就是一个发现个体的过程。西方人怎么发现个体呢？他们说每个个体事物的性质都可以通过"种加属差"的方式获得，也就是说有一个大的类别，下面要区分一个小的类别，小的类别当中又要区分小的类别。也就是我们现在生物学上经常运用的纲目种属等，用这种分别生物类别的方式，对万物进行分类。每一个具体的个别事物都有和其他的同一目、同一纲、同一类的事物不同的那么一小点性质。他们认为那一小点，就是我们的本质，就是我们每一个个体的本质。因此个体可以因为它的"种加属差"得到他们自己的个性，获得它自身的意义和价值。还有，他们很喜欢用对比和分析的方法，这个就是指寻找属差的过程，分析对比就是在看各个事物之间的差异是什么。所以，我们知道西方人特别在乎的是我们之间的差异是什么，他们对于差异的研究远远大于对于共同性的研究，这个是思维方式的不同。因此他们一看到一个事物，就要看这个事物和其他事物的差异是什么，这个人和其他人的差异是什么。那这样一来，当然也会造成一种创新和趋新的驱动力。因为他们总是想要追求个别特性，而为了确立个体性的价值，他们总是想要去追求和其他事物的差异。只有在和其他事物有差异当中，他们才认为可以建立一种个体性，这个就是他们的个人主义的来源。

第四，我想讲的是他们发现了生命的动力是什么，就是刚才讲的，从低到高，从多到一，从个体到普遍的运动过程。因此，他们有一些宗

193

教想法，认为说个体一定要回归到某种状态，不管是上帝也好，还是神也好，一定要摆脱人的个体性。然后一定要进入普遍的、大全的、统一的那个一里面，才可以完成至高的转换。而个体总是琐碎的，总是低端的，总是没有太多的意义，也就是多样性现象的意义是非常有限的。一定要回归那个统一性，我们才能理解事物的本质，或者说我们才可以认识到事物的归宿。所以，文艺复兴时期的哲学家马奇里奥·斐奇诺（Marsilio Ficino）才说，哲学就是从低处走向高处，从黑暗走向光明。其实整个西方的思路都是如此，都是在这种二分之下确立的，由低到高的过程，由多到一的过程，由个体到普遍的过程。

这个过程里面我们刚才说了它的弊端，就是它将这二分决然分开之后，获得了运动的动力，获得了人们行动的动力，但是它也割裂了事物，割裂了完整的事物。也就是说它在一个事物当中强行区分出一个一，一个多，这种对立是不可通约的。这种不可通约的对立虽然制造了动力，但是也制造了根本的矛盾。这个矛盾会导致个体有可能受到湮灭，个体有可能受到整体统一性的压迫和伤害。因此现代的西方，特别反对这个统一性。整个 20 世纪就在反思这种现代性的想法，希望能够在多元共存当中寻找一条出路。但是，目前看来西方还没有彻底改变他们的思维方式。

二、中和之道

接下来，我们要进入本讲的重点，就是讲讲我们中国人的思维方式，简单而言就是四个字——"中和之道"。中和源自四书当中的《中庸》，其中说"喜怒哀乐之未发，谓之中。发而皆中节，谓之和。中也者，天下之大本也。和也者，天下之达道也。致中和，天地位焉，万物育焉"。什么意思呢？他说，喜怒哀乐这些情感，在没有发出来的时候，在我们心中蕴藏的时候，称之为中。一旦发出来之后，又恰如其分（中节，就是恰如其分），这个时候叫作和。中也者，天下之大本也。中就是天下的大本，就是喜怒哀乐这些情感没有发，人的整个情绪状态没有表现成任何既定的、特定的状态的时候，就是天下的大本。和也者，天下之达道也。一切的情绪、一切的生存状态表现出来，而又能够恰如其分地实现，这个是天下的达道，就是道的根本实现和实行。致中和，天地位焉，万物育焉，只要达到了中和，那么天地就各归其位，万物就会化育出来。这个是什么意思呢？前面讲的喜怒哀乐可不只是简单的人类的情感，而是我们人的生存的状态。我们人的生存状态，喜怒哀乐没有发的时候，就是一个中的状态，也就是说没有任何的情绪的、理智的波澜。一旦遇到外面的事物，遇到应该喜的时候就去喜，应该怒的时候就去怒。人们因为喜就继续做它，因为怒就拒绝，不去做它，那么就会导致行为，所以情感导致了行为。而在这个情感当中其实也包括了理智，因为我们在判断它是应该怒还是应该喜时，理智是参与了的。所以说中国人讲的是浑然一体，中国人讲的是喜怒哀乐之未发的时候是中，发出来之后又能够恰如其分地去应对这件事物是和。我们应该赋予人理智和情感的判断，从而达到和的状态，但这是非常难的。为什么呢？因为我们的判断未必跟得上，我们的情感未必跟得上。

那一旦有过失，一旦有过犹不及，就错过了这个最恰当的尺寸，那么你就不能够称之为和了，就会导致一些不必要的错误，产生一些不好的后果。因为没够和过度，都会导致我们在行为上面出差错。那西方人怎总结我们中国人这个和呢？他们说，中国人讲的这个和就是一种"计算多系统间均衡性的高维结构"，它是一种动态的平衡，它是一种高

战略性思维：竞争、合作与全局意识

维结构。它看到的不只有非此即彼两者之间的对立，像西方那样，他看到的是对立之间的相互转化的整个微妙过程。这个对立转换还不是单向的，不是一时的，它是时时刻刻随着变量变化，随着各种各样的事态发展，在这个流动性当中寻找一种系统的平衡。这个是我们中国人非常擅长也非常重视的一种思维方式，就是和的思维方式。

我们可以看到《左传》当中就有，"和如羹焉，水、火、醯[xī]、醢[hǎi]、盐、梅，以烹鱼肉"。这么一些食物合到一起才可以把鱼肉烹调好。中餐当中有非常多的佐料，有非常多的食材，它们之间应该怎么搭配，火候是什么样的，水是什么样的，温度是什么样的，时间要多久，各个调料之间的搭配剂量放多少，这些构成了一个微妙的、动态的、多元的平衡结构，这个就是和的一个最基础、最直白的示例，就是多系统间均衡性的达成。《尚书》当中引的是另外一个具体事例，就是"八音克谐，无相夺伦，神人以和"。音乐也是这样，音乐当中有高有低，你如果非要说音乐就应该是从低的走向高的，高的就是好的，低的就是不好的，这是不可能的。因为音符之间的对立不是一个非此即彼的好坏善恶的对立，音符之间高低不同，恰好需要被搭配穿插，然后形成韵律，形成不同的音乐。这是中国人讲的"和"的妙处。各个音符之间每一个音符都是自己，但是每一个音符都在成就整个乐曲。

我们并不是要强调简单的整体性，而是要强调不同的个体在一起形成的整体的协调。所以说人与人之间因此也可以达到某种和睦、和谐。我们中国人特别擅长把握的就是"时机"，后人称孔子是"圣之时者也"，讲的也有这个意思，和就是说要面对的是在时间流变当中不断变化的各种各样所谓的现象。中国人认为现象和本质是一体的，他们从来没有分开过。其实是这种涌动着、变化着的个体现象，裹挟了他们自身的本体、本质，然后形成的一种新的平衡。只有维系了这种平衡，万物才会生化、生育出来，神人才可以相合，一切才可以相互匹配，然后达到一个最佳的运行效率。

同时和也具有内在、多元性的结构特征。比如说阴阳、内外，他们并不是完全混乱的，因为和里面就像太极图一样，有阴有阳，有多种元素。但是阴阳不是像西方的二元对立，不是说阴就是坏的，阳就是好的，阴阳之间是相互转化的，相互推动的，它是一个系统内的不同因素之间的积极互动，这种内外相携、阴阳相合就构成了我们中国人所讲的多元性和均衡性。

所以，我们强调的一直都不是二元对立，一直都不是非此即彼，一直都不是一个零和博弈的思维。我们强调的是动态的相互平衡，能够多赢，多赢是可以实现的。为什么多赢可以实现呢？就是说在这个和的思维主导之下，我们可以相互平衡，这个是中国和的思维的妙处。

中国和的思想还可以从辩证性思维和整体性思维来看。辩证性思维当中认为 A 和非 A 有相反的动力，他们是以对立互补的形态存在的，而不是以相互矛盾或者说水火不容的方式存在，任何一方都不生成无法消解的差异。A 生成的任何差异都可以被非 A 制衡。也就是说 A 和非 A 之间，不会形成根本性的冲突性的差异，没有办法消解的差异。中国人的辩证性思维具有包容性，可以将表面上不一致相矛盾的行为和观念整合到一起，以此来建立和维持生活中的和谐。其实中国人是非常了解生活的复杂性的，辩证性思维就是应对这种复杂性而生成的某种包容性，它不是非此即彼的。它将表面上看起来不一致、相矛盾的行为和观念整合到一起，形成一种动态平衡的秩序。而这个秩序可以让我们和谐美好地生活，每一个个体都达到幸福，整体也达到繁荣，这是我们中国人的思维方式。

接下来我们要讲的是和的思维主导下的第二个思维方面——整体性

战略性思维：竞争、合作与全局意识

思维。整体性思维对各方关系都非常的敏感，因为它具有将诸多方面整合为一个分析单元，或者一套完整系统的倾向。在日常生活当中。整体性思维处理问题时不在对立的两种现实中二选一，而是同时加以肯定，并在两者间协调出某种可行的观点。所以我们看到中国人强调整体，它是一个动态的生动的主题，在这种整体性里面，内部有各种各样的方面值得考虑，但是这些各个方面并不是冲突不可协调的。而且中国人特别强调整体性本身的价值，整体性本身就有一种统一性的要求。

这种统一性保证了这个整体未来要达成的目标、目的。它可以协调向前进而不是内耗，不是在整体内部处理各种各样的矛盾，让整体没有办法得到前进。所以整体性思维认为，对立不是绝对的，对立不是不可以调和的，相反对立是整体里面的活力，是整体可以前进的内部动力。整体性的目标是更重要的，内部的冲突对立不能够替代或者说不能够破坏整体性的目的。而且整体性思维在当代科学当中，我们可以找到"动态系统"和"混沌理论"的数学模型作为基础。

西方人特别喜欢秩序感，特别喜欢表面的、明晰的、单线程的秩序感，但是中国人，特别喜欢的是在混沌当中，在多样的变动当中的秩序感、统一性。我们的统一并不是通过线性的表面看到的，而是一个非常复杂的网状结构，是一个立体的网状结构。

相互之间有掣肘，相互之间有促进，相互之间有平衡。这才是整体。整体并不是干干净净的白纸一块儿，或者说内部完全统一的一个金字塔结构。相反，整体性像是我们大脑当中的神经连接，各神经之间靠神经元关联，彼此之间相关联系，构成一个完整的整体。

所以整体性思维导致了我们中国人偏向于集体主义，而不是个人主义。集体主义偏好整体思维，而个体主义偏好分析性思维。因为你越是分析，越是区别，你就越剩下了孤零零的自己这个个体。但是越是有整

第十一讲　中和之道：战略性思维的哲学之维

体性思维，越是知道我们和他人之间互动的重要性，越是明白整体对我们每个个体的重要性。比如说，如果 a 等于汽水，b 等于薯片，那么 a 加 b 等于 c 是什么意思？整体性思维当中强调 a 加 b 是有可能有一个 c 出现的，但是分析性思维当中就不存在这个 c。分析性思维当中认为混合之后还是 a 加 b，没有 c。因此整体性思维展现了创造一个容纳各种各样个体的统一体的能力，这是我们中国人特别擅长的。

另外，中国人强调的集体主义并不是整齐划一的。做完全雷同的事情，那不是集体主义。而是指以整体性的目标优先，以相互支撑的个体了解到自身在整体当中的位置，它发挥的作用以及整体优先的意义，然后促进整体性目标的达成，从而做出个人应尽的义务和行动。而个人主义，有可能是一个单向的，为了某一个个人的既定目标而不顾一切的一种思维方式。所以个人主义看起来特别有个性，但是根本不顾及其他人在整体当中的位置和作用，不在乎他人的利益，也不在乎自己在整体当中的位置和作用。这样一来的话就很容易出现内部的混乱，内部的相互的冲突，然后没有办法让整体实现更好的运作。因此大多数人有可能都处于一个无序的状态，在自以为是的价值下面做各种各样相互冲突的事情。

而整体性思维是照顾到了他人的目标，照顾到了他人的理想，然后相互协调一致，相互促成对方，同时也实现自己，是一种共赢的模式。但是我们中国人讲和，也有品质高的"和"和品质低的"和"，在《论语》当中就有"知和而和，不以礼节之，亦不可行也"。刻意去混淆是非和稀泥，比方当老好人，不正视矛盾而是隐藏矛盾，这个是劣质的"和"。所以我们并不是要当"和事佬"，我们中国人讲的和并不是苟和，我们是有坚持的和有原则的和。我们并不是要忽视掉所有矛盾，而是说要去正视矛盾，去化解矛盾；不是掩藏矛盾，不是刻意地去抹平，而是

199

战略性思维：竞争、合作与全局意识

说要让这些矛盾能够注意到自己，注意到他人，注意到其他的变量和因素，然后实现整体的协和。这个是我们中国人讲的人生的最高境界。做事做人都是如此，叫作"极高明而道中庸"。

也就是说，在优质的"和"当中消减差异是为了保持多样性，也就是防止极端的差异导致一家独大。而劣质的"和"呢，为了避免对称性破坏，而强求统一性，往往会造成差异和多元性都受到削减的后果。所以说优质的和其实才是动态当中保持多样性，避免极端化的一个方案。而劣质的和强求统一，其实西方也有这个劣质和的倾向。强求同一性，强求选边站，强求某一个非此即彼的一端，那就往往造成了差异被削减，多样性被削减。可见优质的和是我们现在这个世界特别需要的，共同保护多样性的一个出路。

所以，君子之道是中国人的战略性思维的根本。《论语》当中一句话就说完了，叫作"君子和而不同，小人同而不和"。君子可以与他周围保持和谐融洽的氛围，但是他对待任何事物都持有自己的独立见解，而不是人云亦云，盲目附和。小人则没有自己独立的见解，虽然常和他人保持一致，但实际上并不讲求真正的和谐贯通。所以说君子之和就是我们刚才讲的那个优质的"和"，小人之同，就是劣质的"和"，只是要求同一性追随，盲目追随。但是君子的和是考虑差异之后形成一个新的动态平衡，尊重多元情况下形成整体利益最大化。尊重每一个个体，也尊重整体的目标，知道整体优先，整体的目标一定要在个体之间相互协调之后才能满足。同时也尊重每个个体的差异，尊重矛盾的现实性。这一切是我们中国人的君子之道，和而不同的根本道理。

希望大家能够重新了解我们古代的这些思维和智慧，去面对新的世界，去面对这个多元化的地球村。在全球化的过程当中，还有各种各样差异和冲突的现实，人类命运共同体要求我们在有各种各样的个体差异的社会当中，寻求和而不同之道。不是强求一个劣质的统一的、极端的同的状态，而是寻求一个繁荣的、有个体活力的，但是整体性又可以保证，来实现动态平衡的合一，这才是我们中国人的根本的战略性思维。

拓展阅读书目

1. 朱熹：《四书章句集注》，中华书局，1983 年版。

2. 罗伯特·所罗门：《大问题：简明哲学导论》，张卜天译，广西师范大学出版社 2004 版。

3. 梁中和：《柏拉图对话二十讲》，商务印书馆 2022 年版。

5. 程宜山、刘笑敢、陈来：《中华的智慧》，中华书局 2017 年版。

结　语

赵长轶

结 语

战略性思维对个人和组织来说十分重要，从竞争、合作与全局意识的角度分析战略性思维有十分重要的作用，拥有战略性思维能更好地促进个人成长、企业发展和社会进步。

战略性思维是一种长期、综合和全局的思维方式，是为了达到团队或个人的目标而制定的行动计划。与战术思维相比，战略性思维更加注重整体规划和长远发展，需要有全局观和战略眼光，同时战略性思维也注重宏观与微观的综合考量，为促进战略性竞争、合作与共赢提供了更加全面的参考。

本书分别从不同的视角阐述了战略性思维的基本内涵和实践运用情况。这些视角为更深入和更全面地理解战略性思维提供了方向指引和实践指导。

从历史学看战略性思维，战略性思维为历史研究提供了新的视角和思路，战略性思维强调目标导向和长远规划，历史研究注重事件描述和解释。因此，将战略性思维引入历史研究可以更加深入地了解历史事件的背后逻辑和动因，更好地理解历史的发展和演变。

从博弈论看战略性思维，在静态博弈中分析个体与群体之间的矛盾，个体理性带来背叛的诱惑，个体的最优选择带来群体利益的损失。合作博弈的核心是在某种程度上的公平分配。在博弈中运用战略性思维才能实现多要素的合理整合，从而实现最大的效益和发展新格局。

从生命科学看战略性思维，生命发展进化不息，创新不止，分析战略性思维对生物进化理论的影响，要从多样性的角度去理解整个生物进化发展历程，做到取长补短，重视实现个人人生价值的最大化，重视群体的重要性。

战略性思维：竞争、合作与全局意识

从生涯规划看战略性思维，主要是——思考自我位置，在不断成长的人生生涯过程中脱离父母与社会的控制与规定，方向定位后不断获得人生发展动力，在职业生涯规划中赢得自己的竞争优势，利用好时间的框架来合理地看待生涯。这些是用战略性思维思考人生生涯规划的重要体现，也是天生我材必有用的人生生涯信念和实践信条。

从管理学看战略性思维，明晰企业战略管理的基本含义，突出体现战略性思维在企业管理中的重要作用，在战略管理理论起源、近代经典战略管理理论和当代竞争战略理论的基础上分析企业家战略管理思维对企业战略管理的重要作用，并从战略分析与选择、战略实施和战略评价与控制的角度对企业战略管理的实际运行过程进行细致阐述和深入评析。对企业战略管理而言，要从企业战略环境分析、企业战略规划与选择、企业战略支撑体系构建等多角度制定远景规划。

从军事学看战略性思维，要从《孙子兵法》中合理分析其战略性思维——不战而屈人之兵；知己知彼，预判胜负；攻心为上。从道家的角度阐述战略性思维——要节欲，要得人，要广智，要把握好时机。战略性思维在军事上的合理运用能对军事战略产生十分重大的影响，好的军事战略性思维有助于在战争中赢得先机和实现胜利。

从中国共产党人的视角看战略性思维，要走稳自己的路。一是使命引领，高瞻远瞩，坚守初心，放眼东南西北，一条蓝图绘到底。二是细化步骤，逐渐发展，从"四个现代化"走向"小康社会"；从"总体小康"到"全面小康"；从"全面建设"到"全面建成"；从"基本实现现代化"到"建成现代化强国"。三是问题导向，深化改革，以"摸着石头过河"寻找突破口，抓住中心环节带动其他方面，不断调整优化发展布局。四是突出公平、惠及人民，从"让一部分人先富起来"到"扎实推动共同富裕"，从"普及教育"到"实现更高质量和更充分就业"，从而逐步建立世界上最大规模的保障体系。

从法律看战略性思维，人类社会秩序构建的两个约束条件，一是资源有限，二是人性自私/恶，从而要求人类必须实现合作，才能共赢。法律是促进人类社会合理运转的共同信念和社会契约，在宗教、道德与法律层面的合理划分也可以突出体现其重要作用，从身份到契约，从域内到域外，不断构建全球法治秩序，维护人类共同的美好蓝色家园。

从 AI 时代中信息学科、人工智能和网络空间安全看战略性思维，数据赋能有利于实现 AI 时代的数据整合、数据互利互助共赢。在 AI 时代需要通过更高维度的思考和更全面的决策来突破认知局限和摆脱认知困局。坚持跨学科学习，从不同的角度看待问题，可以获得更加全面的理解。从数据驱动决策的角度分析问题和解决问题，可以更好地促进我们理解问题。培养创新思维模式，鼓励创新思维，跳出传统的思维模式，尝试新的方法和技术，有助于实现更高维度的思考。

从游戏设计看战略性思维，在游戏设计中，以传统战略游戏和信息时代战略游戏为例，借助多个游戏素材分析游戏中不同玩家的核心优势、已有经验以及心理准备等多要素，综合运用游戏设计中的多要素实现资源整合和合理利用，可以最终实现战略性思维的集中整治和突破。

战略性思维的哲学之维：勇于直面矛盾，抓住主要矛盾并在解决矛盾过程中推动事物发展；在系统联系中综合集成、趋于有序的平衡思维，体现规律性与合目的性的平衡统一；在因应局势变化中，因时因地制宜，相机抉择，体现战略性思维尊重客观规律与发挥主观能动性的有机统一；在定量分析和定性分析的结合中寻求适度；在实践中努力培塑战略性思维的自觉性等。

最后，不论是从哪些角度分析，都应首先掌握合适的战略性思维方法，如分析评估战略环境，包括对外部环境（如政治、经济、社会、技术等）和内部环境（如战略目标、战略方案、战略手段和战略评价等）进行全面综合分析。其次，还要注重战略评价与控制的发挥，有效的战略评价能够兼顾长期和短期，并进行充分和及时的反馈。

图书在版编目（CIP）数据

战略性思维：竞争、合作与全局意识 / 赵长轶主编. -- 成都：四川大学出版社，2024.8
（明远通识文库）
ISBN 978-7-5690-6539-8

Ⅰ．①战… Ⅱ．①赵… Ⅲ．①思维方法 Ⅳ.①B804

中国国家版本馆CIP数据核字（2024）第004360号

书　　名：	战略性思维：竞争、合作与全局意识
	Zhanlüexing Siwei：Jingzheng、Hezuo yu Quanju Yishi
主　　编：	赵长轶
丛 书 名：	明远通识文库
出 版 人：	侯宏虹
总 策 划：	张宏辉
丛书策划：	侯宏虹　王　军
选题策划：	曹雪敏
责任编辑：	曹雪敏
责任校对：	张宇琛
装帧设计：	墨创文化
责任印制：	王炜
出版发行：	四川大学出版社有限责任公司
地　　址：	成都市一环路南一段24号（610065）
电　　话：	（028）85408311（发行部）、85400276（总编室）
电子邮箱：	scupress@vip.163.com
网　　址：	https://press.scu.edu.cn
印前制作：	四川胜翔数码印务设计有限公司
印刷装订：	四川省平轩印务有限公司
成品尺寸：	165mm×240mm
印　　张：	13.75
插　　页：	4
字　　数：	173千字
版　　次：	2024年8月 第1版
印　　次：	2024年8月 第1次印刷
定　　价：	52.00元

本社图书如有印装质量问题，请联系发行部调换

版权所有 ◆ 侵权必究

扫码获取数字资源

四川大学出版社
微信公众号